JN269674

山の大気環境科学

土器屋由紀子　岩坂泰信
長田和雄　直江寛明
編著

2001

東京
株式会社
養賢堂発行

執筆者一覧

第1部

1章　岩坂泰信：名古屋大学太陽地球環境研究所

2章　a. 遠藤辰雄：北海道大学低温科学研究所
　　　b. 土器屋由紀子：東京農工大学農学部・丸田恵美子：東邦大学理学部

3章　青木輝夫：気象研究所

4章　直江寛明：気象研究所

5章　長田和雄：名古屋大学太陽地球環境研究所

　5.1（遠藤辰雄：前出）5.2（米倉寛人：（株）知識経営研究所）

　5.3（畠山史郎：国立環境研究所）5.4（鹿角孝男：長野県衛生公害研究所）

　5.5（長田和雄：前出）5.6（木戸瑞佳：名古屋大学大学院理学研究所）

　5.7（五十嵐康人：気象研究所）5.8（高橋　宙：東京管区気象台）

　5.9（大原真由美：広島県保健環境センター）

　5.10（土器屋由紀子：前出・林　和彦：気象大学校）

　5.11（皆巳幸也：石川県農業短期大学）

第2部

6章　遠藤辰雄：前出

7章　a. 村野健太郎：国立環境研究所，b. 畠山史郎：前出，c. 米倉寛人：前出

8章　鹿角孝男：前出

9章　a. 長田和雄：前出・木戸瑞佳：前出，b. 木戸瑞佳：前出・長田和雄：前出

10章　a. 堤　之智：気象庁，b. 林　和彦：前出，c. 五十嵐康人：前出

11章　大原真由美：前出

12章　木下紀正：鹿児島大学教育学部・直江寛明：前出

補遺　大気化学の基礎知識（長田和雄：前出）

八方尾根（8章 鹿角）

右下の写真は環境庁国設酸性雨測定所（標高1,850m）．

桜島の爆発噴煙
（12章 木下・直江）

1992年7月29日19:45撮影

雲海に映える影富士

(写真提供：芹沢早苗)

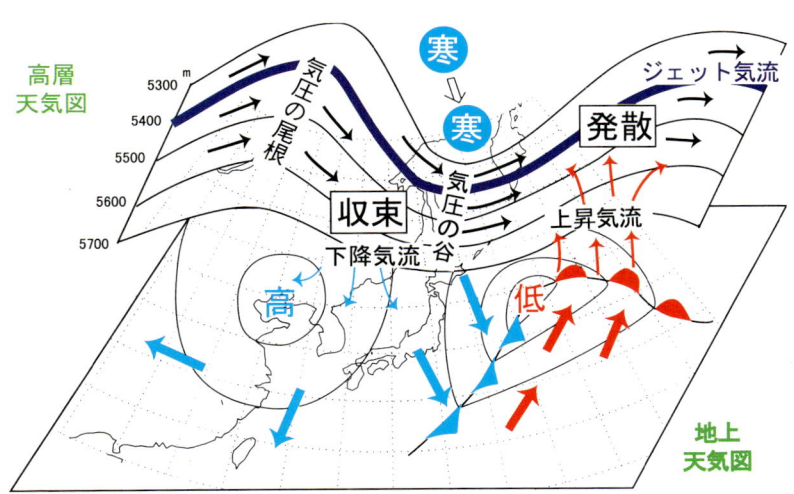

地上天気図と高層天気図の模式図（4章 直江）

偏西風が蛇行しているときあるいは上空の寒気が流れ込んできたとき，3次元的な風の循環を模式的に表現．低気圧の上空では発散（流出）がみられ，この領域では等高線の間隔が下流に向かって広がっている．高気圧の上空では収束（流入）がみられ，ここでは等高線の間隔が下流に向かって狭まっている．

はしがき

　地球環境問題の解決に山で観測すると何がわかるか，こんな観点から山岳大気観測をやっている若手研究者を中心にまとめたのがこの本である．オゾン層破壊，温室効果気体，酸性雨などの問題に取り組み，それぞれの観測を行う過程で，飛行機観測や，気球観測を補うものとして，また，過去の汚染の記録を万年雪の層から読み取る可能性など，「山の観測」の有効性が見えてきた．同時に，人里はなれた電源もないところで観測する困難，危険などを克服し，その方法を多くの人に共有できるようにまとめる意義が明らかになってきた．このようにして，「山の本を作りましょう」という話はごく自然にわきあがり，たちまちまとまった．ヨーロッパアルプスの山岳大気科学研究（ALPTRAC）のまとめが「雲の多相過程とアルプス高所の大気と雪の化学」として1997年にスプリンガー社から出版されたのもよい刺激になった．

　編集者達の母体である「山岳大気化学研究会」という小さい研究会が始まったのは1996年のことである．国立極地研究所のシンポジウムの帰りに気象大学校に集まった名古屋大学・太陽地球環境研究所のグループと，気象研究所のグループを中心に，それぞれ，自分たちの山の話をすることから始まった．「立山」「富士山」とそれぞれ独自の経験であったものが，お互いに共通点と相違点を浮き彫りにし，次のステップへと進み始めた．

　1999年6月に日本化学会・酸性雨研究会主催のシンポジウムで「酸性雨と山岳大気観測」を取り上げた．国土の70％以上を山岳が占めるわが国の酸性雨を考える上で，山岳の観測は避けて通れないと考えたためである．その結果，新たに，八方尾根や山霧の話へと広がった．

　その後，日本中の山の研究者をできるだけ集めようという欲張った意図を持ち始め，その過程で北海道の山の研究者として，「山岳大気研究」の先輩格である北海道大学・低温科学研究所の遠藤辰雄先生の参加を得た．中国四国の山岳と霧で広島県保健環境センターの大原真由美さんにも難病を

押して参加していただいた．

　図らずも，著者たちの共通点が明らかになってきたが，それは「山が好きである」という点である．著者の大半が山岳部やワンゲル部の経験を持ち，あるいは山にいるだけで，幸せになれる性格の持ち主といえるだろう．重い荷物を担ぎ，雨と汗に濡れて一歩一歩ガレた尾根道や滑りやすい林道を歩きながら，「もう二度と山になんか来るものか」と思い，しかし，休みが取れるとまた山登りを計画してしまうといった山好きの一面をどこかに持っている研究者たちである．

　本を作るにあたって対象は高校生，大学生，山の好きな一般市民にしよう．「イメージとして，読者が，"へーあそこであんなことをやっているんだ"とか，"こんなことに役立っているんだ"と思えるような本を作り，山岳で大気観測をやっていて，地球環境問題の解決に役立っていることを伝えたい」これが出発点であったので，できるだけやさしく書いたつもりである．しかし正確を期したいという研究者の要求も無視できない．あまり分厚くなってしまっては売れないのではないか．涙をのんで削った部分も，網羅できなかった山や研究者も多い．また，各執筆者の原稿の中に書かれていた敬称は，{謝辞を除いて}編集の段階で全て割愛し，同時に「である」調に統一したため，独特なニュアンスと味わいが失われた部分もあることをお許し願いたい．化学的な単位やイオン式などについては，巻末の「大気化学の基礎知識」を参照して欲しい．

　原稿の段階で学生諸君に読んで批判してもらった．とくに，名古屋大学太陽地球環境研究所と東京農工大学フイールドミュージアム（FM）多摩丘陵に出入りする学生諸君のお世話になった．図のトレースには東京農工大M1の曽木芳史君が活躍してくれた．記して感謝したい．最後に，文字通り「海のものとも山のものとも」つかない企画に忍耐強く付き合ってくださった㈱養賢堂社長　及川　清氏，同編集部　奥田暢子氏のおかげで出版できたことを編者・事務局一同心より感謝する．

2001年3月春
土器屋由紀子，岩坂泰信，長田和雄，直江寛明

目 次

第1部　総　論 ··· 1
　1章　概説：山岳を使った大気研究 ··· 1
　　1. はじめに ··· 1
　　2. 自由対流圏の物質輸送に関する大気観測 ································· 2
　　3. 山岳を大気観測のプラットフォームとして考える ························· 6
　　4. 地球環境時代に山岳での大気観測が果たす役割 ··························· 8
　2章　山岳大気観測の歴史 ·· 10
　　a. 中谷宇吉郎と北大低温研 ··· 10
　　b. 富士山頂の大気観測の歴史 ··· 18
　　1. はじめに ··· 18
　　2. 気象官署になるまで ··· 18
　　3. 気象官署となる ··· 20
　　4. 富士山観測はもう終わったのか？ ······································· 23
　3章　雪とアルベド ·· 26
　　1. 山の色とアルベド ··· 26
　　2. 積雪アルベドの特徴 ··· 30
　　3. 積雪内部の色 ··· 34
　4章　山の大気を理解するための気象学講座 ·································· 37
　　1. はじめに ··· 37
　　2. 大気の鉛直構造 ··· 37
　　3. フェーン現象 ··· 40
　　4. 山谷風 ··· 41
　　5. 山岳波 ··· 43
　　6. 大気境界層 ··· 45

目次

- 7. 高気圧と低気圧 ………………………………………………… 50
- 5章 山岳大気観測よもやま話 ………………………………… 59
  - 1.「シェーファー博士とガードナー・カウンター」………… 60
  - 2.「フィールド研究者の職業病」……………………………… 62
  - 3.「山岳愛好家のボランティア参加」………………………… 65
  - 4.「八方逸話ダイジェスト」…………………………………… 67
  - 5.「夜のお仕事」………………………………………………… 69
  - 6.「悲惨な青春?」……………………………………………… 71
  - 7.「普段もぼーっとしてる二人の富士山頂での話
    ー伊倉の親父さんー」……………………………………… 72
  - 8.「富士山レーダー最後の日」………………………………… 74
  - 9.「霧も積もれば重労働」……………………………………… 75
  - 10.「ある日の富士山太郎坊観測日記より」…………………… 76
  - 11.「酸性霧は人間関係にも悪影響!?
    ー北アルプス南部・乗鞍岳での観測ー」………………… 78

第2部 各山岳大気観測 ……………………………………… 81

- 6章 北海道の山 ………………………………………………… 81
  - 1. 北海道大学理学部 手稲山観測室 ………………………… 81
  - 2. ガードナー・カウンターによる山岳における観測 ……… 82
  - 3. 降雪による大気浄化作用 …………………………………… 84
  - 4. 酸性雪の観測 ………………………………………………… 85
- 7章 北関東の山 ………………………………………………… 88
  - a. 赤城山の酸性霧 ……………………………………………… 88
    - 1. 酸性霧とは …………………………………………………… 88
    - 2. 霧の測定方法 ………………………………………………… 89
    - 3. なぜ赤城山で観測するか …………………………………… 90
    - 4. 赤城山における酸性霧の観測結果 ………………………… 91
  - b. 奥日光地域における光化学オゾン ………………………… 94
  - c. 奥日光・赤城山におけるガス状過酸化物測定 …………… 98

1．過酸化物とは……………………………………………… 98
　　2．なぜ過酸化物を山地で測るのか………………………… 98
　　3．測定・結果………………………………………………… 99
　8章　八方尾根における酸性雨………………………………… 102
　－北アルプス，八方尾根で観測されたオゾン・エアロゾル・酸性雨－
　　1．はじめに…………………………………………………… 102
　　2．観測の方法………………………………………………… 103
　　3．オゾン濃度の変動………………………………………… 103
　　4．エアロゾルの成分組成…………………………………… 105
　　5．降水の組成と大気からの取り込み……………………… 107
　　6．汚染物質の長距離輸送…………………………………… 108
　9章　立山－空の汚れ雪に聞く………………………………… 112
　　a. 冬季全沈着物質記録としての立山・室堂平の積雪…… 112
　　　1．はじめに………………………………………………… 112
　　　2．室堂平の積雪…………………………………………… 113
　　　3．この積雪層はいつ積もったか？……………………… 114
　　　4．融雪の影響……………………………………………… 116
　　　5．イオン成分の鉛直分布………………………………… 117
　　　6．日本の降水やヨーロッパ・アルプス，極地との比較………… 119
　　b. 北半球中緯度を代表する自由対流圏エアロゾル……… 122
　　　1．はじめに～なぜ山か？なぜ立山か？～……………… 122
　　　2．大気エアロゾル粒子と気体成分の採取……………… 123
　　　3．初冬季の室堂平における大気エアロゾル中の化学成分濃度……… 123
　　　4．大気エアロゾル中の化学成分濃度の日内変動……… 124
　　　5．自由対流圏での他のデータとの比較………………… 126
　　　6．おわりに………………………………………………… 128
　10章　富士山頂での観測………………………………………… 129
　　a. オゾンの観測……………………………………………… 129
　　　1．対流圏中のオゾンとは………………………………… 129

2．富士山でのオゾン観測 ………………………………………… 130
　3．富士山頂のオゾンの季節変化 ………………………………… 132
　4．オゾンに関する特殊現象の山頂での観測 …………………… 133
　5．大気境界層の自由対流圏への影響 …………………………… 135
　6．自由対流圏の環境監視について ……………………………… 136
b．降水とエアロゾル ………………………………………………… 140
　1．はじめに ………………………………………………………… 140
　2．観測方法 ………………………………………………………… 140
　3．観測結果 ………………………………………………………… 141
　4．議　論 …………………………………………………………… 145
　5．結　論 …………………………………………………………… 146
c．富士山頂の空気はどこから来るか～Be-7を使ってわかること～ … 148
　1．富士山頂での大気化学観測 …………………………………… 148
　2．富士山頂で観測された大気化学種の水平・鉛直輸送 ……… 148
　3．Be-7（ベリリウム-セブン）とは？ ………………………… 150
　4．夏季の富士山での観測 ………………………………………… 151
　5．Be-7とO_3の関係－
　　上層から輸送されるO_3の量を推定できるか ……………… 154
　6．おわりに－Be-7もまんざら捨てたものではない ………… 157

11章　中国・四国地方 ……………………………………………… 159
　1．中国・四国山地の存在によって変わる気候，大気汚染物質濃度 …… 159
　2．大気汚染物質の輸送を妨げる山岳の役割 …………………… 160
　3．中国山地沿いに発生する霧 …………………………………… 160
　4．中国・四国地方の酸性雨 ……………………………………… 164
　5．まとめ …………………………………………………………… 165

12章　桜島起源の酸性ガス ………………………………………… 167
　1．はじめに ………………………………………………………… 167
　2．桜島の爆発噴煙 ………………………………………………… 167
　3．噴煙の移流拡散と衛星画像 …………………………………… 168

4. 火山ガス長距離輸送と SO_2 高濃度事象 …………………… 170
5. SO_2 と火山ガス …………………………………………… 172
6. おわりに …………………………………………………… 174
大気化学の基礎知識………………………………………… 176
索　引……………………………………………………… 181

****

第1部　総　論

****

1章　概説：山岳を使った大気研究

1．はじめに

　これまでに山岳で行われてきた大気観測はかなりの数にのぼるであろう．歴史も古く資料も多くある山岳での大気観測を改めて取り上げる意味を，ここではっきりさせておきたい．

　山岳における大気観測の歴史をみると，山岳の天気を知るために行われてきた期間がきわめて長い．明治の初期に日本政府は気象業務を整備するにあたって従来から個人や種々の民間の自治的な組織によって維持されていた気象測候所（らしきもの）を，数多く日本政府の管理下に置くようにした．これらの組織の中には，山岳に置いてあったものもあった．その歴史的な経緯をみれば，河川の監視，山間地域の農作物や森林の生長状態の監視，漁業に必要な気象情報の収集などのさまざまな理由で山岳に観測施設を設置したものである．これらの施設は国の行政組織の整備が進むのに合わせて次第に整備・統合され，一定の基準を持ったものに組織化されていった．

　日本の産業が発展するとともに山岳地域にも開発の波が押し寄せ（大きな河川の上流域におけるダムの建設，新しい鉱山などの開発，大規模な森林の伐採や植林など），山岳での人間活動を支えるための気象情報が新たに必要となり，山岳大気観測施設が設けられていった．これらの観測施設が提供

してきたものは，もっぱら山岳ではどのような天気が出現するかについてであった．もちろん軍事面の必要性から整備された気象施設も増えた．

一方では，人間活動の影響がなるべく届かない環境での大気の状態を調べる目的で，山岳が利用されるケースも近年急速に増えてきた．その背景には，大気中の物質の広域拡散現象が大きな関心を呼んできたこと，オゾン層破壊，温室効果ガスの増加，酸性雨問題など，大気圏に対する人間活動の影響に関心が高まり地球環境科学の中で大気の役割や性質を再び問い直す気運が強くなってきたことがある．以下では，これまでに我々のかかわった研究から解ってきたことを踏まえて，山岳を使った大気環境の研究について展望してみる．

2. 自由対流圏の物質輸送に関する大気観測

日本上空の大気が地表の影響を強く受けたケースの一例として，名古屋でライダー[1]によって観測された自由対流圏のエアロゾル濃度の高度分布を見てみる（図1.1，Kwonら，1997）．自由対流圏のエアロゾル粒子の起源は，なんらかのプロセスで海洋や地表に接した大気下層から輸送されたか，成層圏から輸送されたもの（対流圏や成層圏などの用語は本書の4章を参照），あるいは自由対流圏内でガスから生成したものなどが考えられる．4月に観測された散乱比（図1.1a）は，高度数kmの所にしばしばエアロゾル濃度の高い領域があらわれ，数日の間その状態が持続することを示している．春の時期には，アジア大陸の砂漠地帯で巻き上げられた土壌粒子（黄砂粒子）が，朝鮮半島，日本列島さらには太平洋やアメリカ大陸にまで拡散することが知られている．そのようなことを考え合わせると，このライダーによる観測結果は，春の時期には黄砂粒子の拡散が自由対流圏で頻繁に起

---

1) ライダー：

Light Detection And Ranging の略語で，地上からレーザー光を上空に向けて発射して，空気分子やエアロゾル粒子に散乱した光が戻ってくるまでの時間（高度）と光の強度や偏光状態などを測定する装置で，エアロゾル粒子の濃度や形状の高度分布を知るのに使われる．

きていることを示しているのであろう（図1.1a）．

一方夏の時期は，日本列島は海洋性の太平洋高気圧に覆われるため，大陸から日本への物質輸送が著しく不活発になると考えられている．しかし，それらの多くは地表面での物質の採取や，数値モデルを使った空気塊の動きの推定などから考えられたもので，実証例は意外に少ないのが現状である．8月の結果（図1.1b）には，地表面温度の上昇にともなって対流圏下層の境界層の厚みが増し，境界層内の高濃度なエアロゾル粒子の影響が下の方で見える．その反面，自由対流圏では春の頃の値に比べれば，はるかに濃度が低くなっていた．

ライダー観測によって得られた偏光解消度の高度分布を濃度（散乱比）の分布と比べることで，異なった面でのエアロゾル粒子の分布状態が読みとれる（図1.2）．偏光解消度は，エアロゾル粒子の非球形性（いびつさ）をあらわす示標で，レーザー光を散乱するエアロゾルが完全な球形（例えば液滴）ならばゼロになり，黄砂粒子のようにいびつな粒子ならば大きな値を示す傾向がある．4月の観測結果（図1.2a）は自由対流圏に浮遊していたエアロゾル粒子の多くが非球形であったことを示しており，日本上空の自由対流圏では春の期間，大陸から拡散してきた土壌粒子が多く浮遊しているとの考えを強く裏付けている．8月に得られた結果では，対流圏下層で見られた多くの粒子は，きわめて低い偏光解消度を示しており，これまでに多く

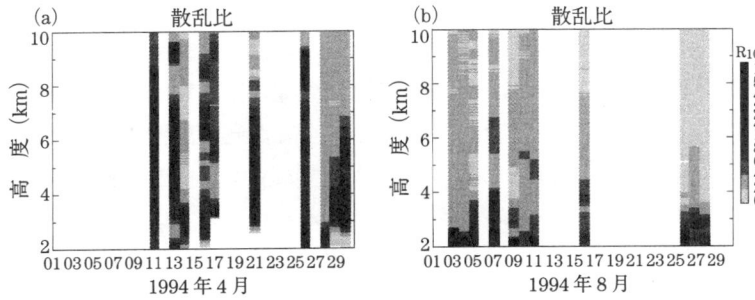

図1.1　ライダーによって観測された名古屋上空のエアロゾル散乱比分布
　　　左：1994年4月，右：1994年8月（Kwonら，1997のデータから作成）

（4）　第1部　総論

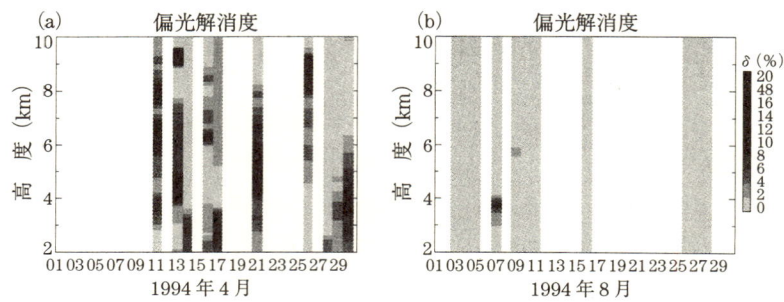

図1.2　ライダーによって観測された名古屋上空のエアロゾル偏光解消度
　　　左：1994年4月，右：1994年8月（Kwonら，1997のデータから作成）

の研究者が指摘しているように，下層の都市大気に特有の光化学によって大気中で2次的に作られた硫酸塩，とくに硫酸液滴が多く発生していることを裏付けている．

　このように，ライダー観測はある地点の上空におけるエアロゾルの時間的な濃度・形状の変化を教えてくれる．しかし，この観測方法は光の散乱を利用したリモートセンシングであることによる本質的な弱点も持っている．広域拡散途中でエアロゾル粒子や周囲の気体成分にどのような物質的変化が生じるかを知ることは，この種の観測では不可能である．物質の状態の変化は，時間的にも空間的にもさまざまなスケールで生じている．エアロゾル粒子ひとつを取り上げても，ごく微小な個々の粒子表面の構造や反応にかかわることから，粒子群を含んだ空気塊の振る舞いなど，幅広い大きさのスケールにわたっている．これらの全てが光散乱特性を変化させる．しかし，それらの変化がライダーによってたやすく検出できる程度のものである保証はどこにもない．現状では，とりわけエアロゾル粒子の化学的な面での観測研究には，粒子の採集と化学分析がつきものである．

　自由対流圏で粒子を直接採集するには，航空機や気球をプラットフォーム（観測基盤）として使用することが多い．これらのプラットフォームの欠点は，連続してプラットフォームを使用できる時間に制限があること，お

よび運用可能な天候に強い制限がつくことが多い．連続して観測できる時間への制限が強いために，長時間の試料採取によって分析試料を大量に得ることができないので，分析できるものや方法に限度がある．天候に左右されるということは，我々はいろいろな天気を示す自然のうちの特定の天気のみを選んで観測していることになる．「きわめて一面的な観測をしているのではないか」という疑問は，これらのプラットフォームを利用している研究には常について回る．

　航空機や気球を使った観測で，制限された時間内での試料の採取しか許されていない場合の例を考えてみる．エアロゾル粒子であれば，しばしば顕微鏡を使った試料観察が行われる．顕微鏡による観察の利点としては，粒子の個々の形状，表面状態（異物の有無，粗さ，空隙の有無や密度など）を知ることができる点である．なによりの利点は少ない試料で観察ができる点で，このため航空機や気球を使う観測でしばしば用いられる．しかし，空気塊に含まれている粒子全体に対するイメージがつかめない．A高等学校のB君の髪型や服装をみて，A高等学校の男女比や学校全体の校風を推定することはとてもできない．粒子一つ一つを観察する場合と，粒子群全体の性格を理解しようとする場合では，おのずとその方法も変わってくる．微量の試料しか得られない場合の研究は，ある一面のみを観察したものになりがちであり，試料の採取にあたっては，微量も多量も合わせて行えることが望ましいことを常に意識しておかねばならない．

　しかし空飛ぶプラットフォームが本来的にもっている性質上，たとえ多量の試料採集が可能になったとしても，見ることのできない世界もまた存在するのである．航空機の観測は著しく天候に左右される．しかし，地球大気の本来の姿は，雨あり風あり台風あり…であって，決して飛行に快適な好天気ばかりではない．飛行に快適でない時の自由対流圏中の物質の輸送などはどのようになっているのであろうか？だれしもが関心を持つことの一つであろう．たっぷりと試料が得られる条件のもとで見る自由対流圏の姿はどのようなものであるか，これもまた大変興味のあるところである．山岳を利用した大気観測は，こんな点では多くの利点を持っているよ

うに見える.とくに日本での山岳ということに限ってみると,後ほど述べられるように,成層圏の空気が対流圏に拡散してくる現象などを研究するのにもしばしば使われている(Ono, 1978).日本の上空は世界的にみても成層圏と対流圏との空気の交換が活発なところと考えられており(Austin and Midgley, 1994),なるべく地上の空気の影響の出にくい孤立した山で待ち構えておれば,成層圏から対流圏に入りこんでくる空気に遭遇することができるのである(本書の10章を参照).このような現象を航空機でキャッチしようとすれば(例えばYamato and Ono, 1989),ある程度の見込みを立てた上で飛び回り,無駄を覚悟の上の観測となろう.ましてそのような現象が悪天候と関係しやすいとなれば,ますますリスクの大きい観測になりかねない.

3. 山岳を大気観測のプラットフォームとして考える

上記のようなプラットフォームの制限を大きく打ち破るものとして,山岳を考えたらどうであろうか?山岳をプラットフォームとみなす考え方は決して新しいものではない.昭和のはじめに既に成層圏オゾン(当時の言葉では上層大気オゾン)の研究をめざして富士山頂でオゾン全量の観測が行われていた(本書の2章bを参照).また,山岳の持つ標高差(例えば6章を参照)あるいは山岳に発生する霧を利用しての雲や降水過程,ひいては酸性雨問題の研究も古くから行われている(例えば11章を参照).

しかし,航空機や気球による観測を一通り経験した現在,改めて山岳を見ると,これらのプラットフォームと並んで山岳が独自の地位を持ったプラットフォームであることが強く感じられるのである.図1.3(Jaenicke, 1993)は,大気エアロゾルの濃度の高さ方向の変化を示したものである.この図を作るにあたって多くの山岳における観測結果が使用されている.いいかえるなら,山岳における観測結果がその山の高さに相当する高度の空気中の値として使用されているのである.このことの意味は相当に大きい.

山は,それなりの水平広がりを持っている.きわめて広大な広がりをもつ山の上では,その上に存在する大気に山の影響が大きく出てくる.例え

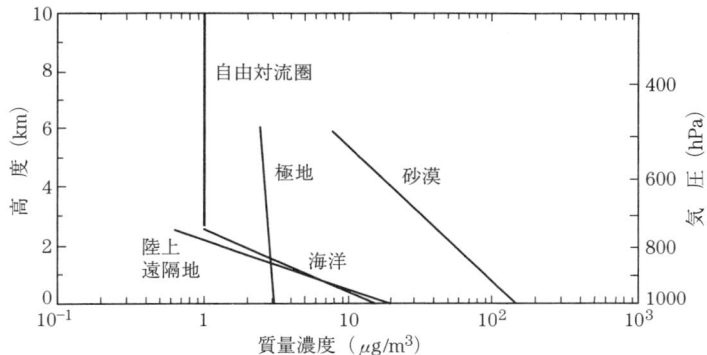

図 1.3 エアロゾル濃度の代表的な高度分布 (Jaenicke, Academic Press, 1993)

ば，中国大陸のチベット地域は海抜高度4,000 m級の場所で，日本の数倍の面積を持つ地域である．この地域の存在は，日本はもちろんアジア・太平洋の気候に多大な影響をもたらしており，地球の気候変動を考える上で重要な存在になっている．

一方，わが国の富士山のように広がりの小さい山にあっては，気候に与えるような影響は小さい．この種の山岳（孤立峰）は，大気からみると山の影響が比較的少なく（＝山によって大気の状態が変化することが少ない）大気観測のプラットフォームとしてきわめて有用であることを意味している．

大気観測のプラットフォームとして山を利用できるならば，航空機や気球でできない観測・研究が，以下に挙げるように可能になるかもしれないのである；

・天気の良い日しか飛べない飛行機に代わって，天気の悪いときの観測ができるかもしれない．
・飛行機や気球では望めなかった重量のある装置が使えるようになる．
・飛行時間の制限のために不可能であった長時間の観測ができるようになる．
・時間をかけて大量の試料をとることができるようになる．

4. 地球環境時代に山岳での大気観測が果たす役割

　地球上で自律的に生じていると思われていたさまざまなプロセスに，人間活動の影響が出てきていることが認識されるに及んで，地球環境科学（あるいは地球環境学）の必要性が強く指摘されるようになってきた．大気の研究においても，人間活動の影響を評価することに多くの研究者が意を使うようになってきた．本書でとり挙げられている森林の立ち枯れ問題と大気汚染の関係などは，その良い例である（7章を参照）．

　人為起源の汚染物質の影響の少ないところ，あるいは影響があったらその影響が検出しやすい場所（比較的清浄な状態にあればこそ汚染状況がよくわかるというものである）として，南極や北極などの極地と，第3の極地である山岳もまた「遠隔地」として利用されている．かつて，世界的に著名な探検家であった植村直巳が率いる登山隊が冬期のヒマラヤ登山をめざした時，この登山隊は登頂途中でエアロゾル粒子の採集を行った．名古屋大学でエアロゾル粒子を電子顕微鏡で観察したが，この研究のねらいの一つが人の影響の少ない場所のエアロゾル粒子の性状を見ることであった（Onoら，1983）．また，散発的に山岳を利用する以外にも，人為的な影響の少ない山岳観測点での各種大気観測を継続的に行う大気モニタリングステーションとしての位置づけも定着している（8章を参照）．山岳における大気の観測がこのような側面を持っている場合には，人がたやすく行けない場所の一つとして選ばれているのであり，必ずしも高度の高い低いを選ぶ基準とするものではないが，一般的にいってある程度の高度があり，しかもその山に行くのにかなりの行程を要する地域であれば，おのずと人間活動からある程度隔離される状態になろうというものである．

　日本は，世界的にも西風が強い地域にある．このために，アジア大陸や日本海の影響をつよく受け，この風が日本列島の上に横たわっている山脈を越えるときに大量の積雪を生じる（9章を参照）．例えばフェーン現象は，山越えして性質の変わった空気を気温と湿度の変化を通して解釈されることが多い．しかし，本書全体で語られているような化学的な性質を通した

観測・研究はほとんどなされていない．フェーンを起こすような空気塊が山越えを開始し，盛んに雲の発生や降水をともないながら上昇するとき，大気中の化学物質はどのような応答を見せているのだろうか，山越えをした後，下降するに従って気温が著しく上昇し，すっかり乾燥した空気の中のエアロゾル粒子は数濃度を著しく減少させているのであろうか？山越えした空気は，留まることなく平野や海に流れだし山越え効果を周辺に広げていく．山のふもとに活発な人間活動を見る日本のようなところは，空気の山越え効果と環境を考えるに良い場所なのかもしれない．

　大気の観測にとって，山は大気研究のさまざまな切り口を提供してくれる．孤立峰は孤立峰で，山脈は山脈で，大きな山塊は大きな山塊で，それぞれ大気のなにがしかを我々に提供してくれている．

（岩坂泰信）

引用文献

Austin, J. F., and R. P. Midgley, 1994 : The climatology of the jet stream and stratospheric intrusions of ozone over Japan, *Atmos. Environ.*, **28**, 39 − 52.

Jaenicke, R., 1993 : Tropospheric aerosols, *in* "Aerosol − Cloud − Climate Interactions", ed. by P. V. Hobbs, pp. 1 − 31, Academic Press, San Diego, California.

Kwon, S.- A., Y. Iwasaka, T. Shibata, and T. Sakai, 1997 : Vertical distribution of atmospheric particles and water vapor densities in the free troposphere : Lidar measurement in spring and summer in Nagoya, *Atmos. Environ.*, **31**, 1459 − 1465.

Ono, A., 1978 : Sulfuric acid particles in subsiding air over Japan, *Atmos. Environ.*, **12**, 753 − 757.

Ono, A., M. Yamato, and M. Yoshida, 1983 : Molecular state of sulfate aerosols in the remote Everest highlands, *Tellus*, **35B**, 197 − 205.

Yamato, M., and A. Ono, 1989 : Chemical and physical properties of stratopsheric aerosol particles in the vicinity of tropopause, *J. Meteorol. Soc. Jpn.*, **67**, 147 − 166.

2章 山岳大気観測の歴史

a. 中谷宇吉郎と北大低温研

　私が北海道大学の大学院に入った昭和37年（1962）の4月に中谷宇吉郎は他界した．私は中谷の講座の東 晃の学部の講義で「電磁気学」を聴講したが，第一講は「中谷先生の人工雪の実験」の話で終始し，非常に感銘深く拝聴したことを覚えている．直接の門下生であった当時の私達の先生方から，中谷の教えや名言，そして温かい人柄を忍ぶ数々のエピソードが語り伝えられ，我々学生にとってこの点に関して恵まれた日々であった．ところが最近の学生に聞くと，「中谷宇吉郎ってどんな人だか知らない」という答えが多いのに我々は少々驚いている．中谷に関する多くの著書や記録もあり，立派な記念碑や記念館も設立されて，門下生の先輩諸先生方はこのために十分な努力をされてきたにもかかわらず，代々に渡ってその後の世代でも絶え間無く，多くの人々をして語り伝えられることがないためか，やがて絶えていく時期のような気がする．この機会に，古きを紐解き，その偉大さを少しでも伝承できるならば幸いなことであり，我々の代の義務でもあると思い，本稿を進めることにする．またこれを機に，私よりもさらに若い年代の人達も，機会ある限り伝承の努力をしてくれる事を希望する次第である．最近生誕100年を記念して全集が出版されるに至ったことは誠に喜ばしい限りである（樋口・池内編，2000）．

　北海道大学百年史の「低温科学研究所」の中で，当時の研究所長朝比奈（1980）が中谷と低温科学研究所の創立について良くまとめて記述しているので，それを主に引用して以下に簡潔にまとめた．

　低温科学研究所の創立に関して，第一にあげなければならないのは，研究所の創立委員の1人で，理学部物理学科の教授であった中谷の貢献である．彼の有名な「雪の研究」は，十勝岳で天然雪結晶の採取と分類から始まった．次に彼は，人工的に雪の結晶を作る実験によって雪の形と気象条

件との関係を解明できることに着目し，このような実験が可能な低温室を学内に設置するため，関係方面に働きかけた．この企ては1935年北海道大学の常時低温研究室（後の低温科学研究所分室）として，理学部の北側に実現した．彼はこの研究室において，世界で最初の「人工雪」を作ることに成功し，雪の結晶形と生成条件との関係を明らかにし，一連の「雪の研究」によって，1941年5月彼は帝国学士院賞を受けた．

彼の生い立ちから当時までを，太田文平 (1975) 著「中谷宇吉郎の生涯」の年譜に従ってまとめてみる．彼は1900年に石川県片山津町に生まれ，後に東京帝国大学物理学科（実験物理学）で寺田寅彦に師事し，卒業後，恩師のもと理化学研究所で電気火花の実験を行っていた．その後英国キングスカレッジのリチャードソンのもとに留学し，X線の研究に従事，帰国後北海道帝国大学に勤務する．しかし，そこでは，なかなか入手できない放電管などの科学機器を必要する仕事で苦労したので，彼は入手しやすく身近にたくさん有るものとして，雪の結晶をとりあげその研究を1932年に開始した．

1935年前述の常時低温研究室において，世界初の「人工の雪結晶」を作ることに成功し，雪の結晶形と生成条件との関係を明らかにした．その実験装置の構造は図2.1に示す通りで，高さ50 cmのガラスの二重円筒からなり，下のビーカーの水が電熱で温められ，そこから出る水蒸気が中心のガラス円筒管の中を上昇し冷やされ，外側のガラス円筒に沿って下降して，下で温められ再び内側の円筒管の中を上昇するという循環が維持される．その中で，冷やされた真鍮製の装置の天井に吊るされたウサギの毛に雪結晶が成長するというものである．その結晶形を観察し，直ぐ近くの気温とビーカーの水の温度を測定できるようになっている．本当は気温と湿度を測定したかったのだが，湿度は現在でも難しい計測対象の一つであり，完全に正確な測定法は未だに無いとまで言われている．しかし，これはビーカーの水の温度と密接な関係があるため，とりあえずこれに置き換えて実験を進めたことは実に見事なアプローチである．後に，これとは別に湿度に変換する検証実験をしている．とにかく始めは横軸と縦軸に気温とビーカー

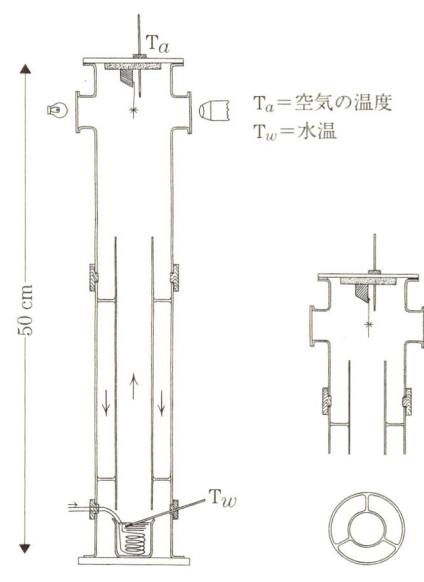

図 2.1 人工雪実験装置
（中谷，岩波書店，1938）

の水温をとって，得られた人工雪の結晶形をプロットしていくことを丹念に重ねていった．すると驚いたことに，同じ種類の結晶形がある特定の領域に集まって分布し，その領域を図2.2のように結晶形ごとに区別して分離できるほど再現性の良い結果が得られたのだった．

例えば雪の中で最も数が多い種類である樹枝状の結晶（図2.2の中央部の＊印）は気温が-15℃あたりで，ビーカーの水温は+13℃～+25℃の条件下で出現することを示している．このように，実験の再現性のコツを獲得したということは，この装置で誰がいつやってもできるということなので，客観的な物理条件を見つけたことになる．この装置は今から見ると複雑な仕掛けもなく，きわめて簡素なものだが，物理実験の心得のある者ならば，これが一朝一夕にしてできるものでないことは容易に推察される．この陰にはボツになって日の目を見ない試作実験装置や機器が何台かあっただろう．

この無駄の無くシンプルで目的にかなった優れた装置の大きさと形の要素は，私見ではあるが，この種の比較的再現性の悪い実験を成功させる上で，きわめて重要なカギとなっていると推察される．これより大きくても小さくても上手くいかないし，形も結果に微妙に影響するはずである．世の中に二つと無い，大きさと形に辿り着いたことは，ほとんど幸運というべきものであろう．しかしこれは単なる思い付きや，何もせず偶然に得られたものではなく，絶え間無い努力によって研ぎ澄まされた勘や洞察力の

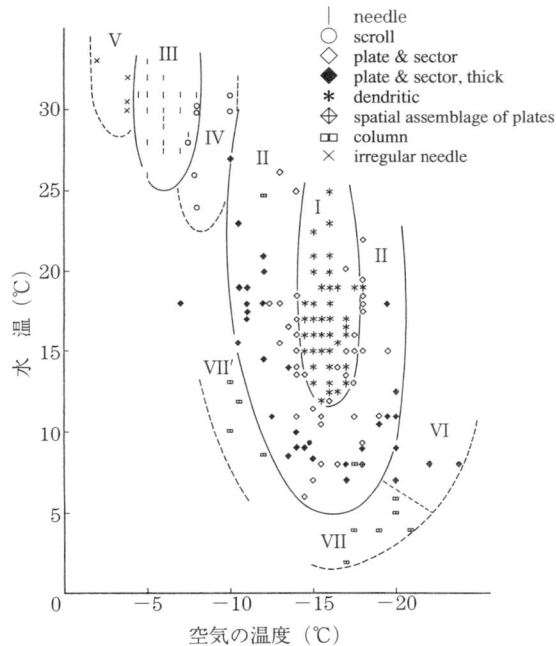

図2.2 中谷の $Ta-Tw$ ダイヤグラム（中谷，岩波書店，1938）

賜物であったといえるだろう．

　後々，これらの一連の研究が国際的に尊敬されるゆえんは，オリジナリティがあることは勿論であるが，「顕微鏡でないと構造が良く見えないくらいに小さな雪結晶を，高い空に浮いている雲の中でどんな条件で形成されるか，計測しながら観察する」という当時としては絶対に不可能である課題を克服した点にあるのではないか．そのためには，天然の雪結晶の形をできるだけ多く収集して，これらを類型別に分類することから始め，その雪の種類を人工的な室内実験によって再現することを繰り返して形成条件を探し，これによって究極的には雲の中での天然の雪の形成時の気象条件を解明するというアプローチを取ったのである．

　このツメに当たる「条件の探索」は組み合わせを変えながらの暗中模索

であるから，いかに根気の要る仕事で有ったかと想像される．しかし，この見事な結果から逆に天然の雪結晶を見ると，上空の気象条件が推定できると中谷は言い，あの有名な「雪は天から送られた手紙である」という名句がこの研究の終章を飾るのである．これらの研究の進め方が「科学の方法」における研究者の手本として高く評価され語り継がれていることは，誰もが認めるところである．この研究は後に，1949年に岩波書店より「雪の結晶の研究」として，さらに1954年にハーバード大学から「Snow Crystals」として出版されている．そのため，この研究は世界中に知られ，大気物理学関連の教科書に今もって広く紹介されている．

　1941年の11月に，かねての懸案であった「北海道大学低温科学研究所」が発足をみた．その建物は理学部の真向にあり，最初は6部門で始まり，中谷は第1部門（純正物理学）の主任教授で理学部教授と兼任であった．この頃の中谷は軍の要請により「千島及び北海道の霧の研究」（技術院，1945）と「航空機への着氷防除に関する研究」を指導していた（北大百年史）．北海道の東部海岸では，夏の海霧の時には航空機の着陸が困難なため，滑走路上の霧を消散するのが前者の目的であった．彼は緊急を要する実用的な問題も，基礎的研究から始めるのが解決への近道であるとして，霧の研究のため気象台や気球部隊の協力を得て，根室に大観測体制を敷いた．また航空機の翼の着氷防除の研究には，ニセコアンヌプリ（1,308 m）の山頂に観測所を建設し，過冷却霧を吸い込み模型翼に着氷させるための大型実験風洞も建設した．屋外には着氷観測用の実物のプロペラと航空機の機体とが，風向によって回転する台座の上に設置されていた．

　これらの研究は後に「防霧林の研究」や「電線着雪防除の研究」などの災害防除の科学に貢献するものとして引き継がれることになった．とくに霧の基礎的な研究は1953年に堀　健夫編の Studies on Fogs（霧の研究）として出版された．

　北海道の山で，冬の観測で名前がでるのは，西海岸に近いニセコ・アンヌプリや手稲山（1,024 m）と，もう一組は中央部脊梁山脈に沿った大雪山系の旭岳（2,290 m）や十勝岳（2,077 m）である．前者の西海岸寄りの山岳

では，対馬暖流が北上して海面温度の高い日本海に近いことから，雲に含まれる過冷却の液相の含水量が著しく多いので，雲粒付きの雪結晶が多く，顕微鏡で見ると見苦しい結晶が多い．一方，後者の北海道中央部の山岳では，雲に含まれる液相の含水量が少ない．それはそこまで到達する間に，何度か降水過程を繰り返しているので，既にかなりの水蒸気を消耗しているからである．したがって，そこでできる雲には過冷却の雲粒が少なく，発生する雪結晶は，ほとんど雲粒の付かない気相成長だけによる，大きくて美しい単結晶として観察される．中谷はこのような山の特徴をよく知っていて，美しい雪結晶の顕微鏡写真の収集には内陸の十勝岳を，また飛行機の着雪の実験には西岸のニセコ・アンヌプリの山頂を，それぞれ選んで使い分けていたようだ．

観測に選ばれる山岳については，上記の自然条件の他に重要な事として，冬季の深雪の中でも現地へ到達し，そこで設営・維持が可能であるという条件の問題がある．具体的には，人員・観測資材・食料などの輸送手段があるか，現地での電力・水の供給が得られるか，観測・居住や宿泊が可能かどうかという問題である．一番の決定要素は交通手段の有無である．中谷のニセコ・アンヌプリ観測所の建設は，前人未到に近い山の中で行われたことなので，今からみると想像に絶する難行であったと思われる．もともと道の無い山に，人馬一体となってあれだけの物資を運び上げたのだから，よほど大変なことであったろう．

手稲山の山頂には，北海道放送（HBC）のテレビアンテナがこの地方で初めて建設された．その運転と施設維持のため，山道の開発からはじまり，自動車，雪上車による人員や物資の輸送，送電線・通信設備の保守，常駐職員の生活維持などのすべてを全く一社の自力で運営していた．冬季における手稲山の山頂観測では，HBCの雪上車に物資輸送を便乗させてもらい，また自炊と生活に必要な上水はHBCが中腹の沢からポンプアップした水を分けてもらっていた．これは後にロープウェイが利用できるようになるまで，冬季の観測の度に，長い間本当にお世話になった．

北海道の山岳にかかわる研究は氷河学や水文学の観点でも進められ，多

くの雪氷学者を輩出してきた．一つの要因には，不純物の混じらない大きな単結晶の氷が大量に必要とされたことがあげられる．氷の物理的性質の研究において，純粋で結晶学的な構造が一様である「単結晶」から手をつけ，それについて各種の物性定数を計測する必要性があったのだ．実験に都合がよい大きな単結晶は，アラスカの氷河末端にあらわれる大昔の氷の塊に見いだされ，中谷のグループは何回かアラスカの氷河に遠征調査隊を送って単結晶氷をまとめて持ち帰った．

　中谷の構想には大雪山の雪壁調査の夢が宿り，これが後に低温科学研究所とわが国の氷河学および雪氷学の発展に貢献している．1964年「大雪山雪壁雪渓の研究」が開始され，これが山岳における雪氷学の研究に若い研究者の参加を促し，その後の研究者の育成となって，この分野の学問の発展に大いに貢献したといえるだろう．大雪山の雪渓研究は現在も継続されており，研究報告は山田・児玉（1991）や山口・白岩・成瀬（1998）としてまとめられている．

　さて，中谷は1949年に理学部へ戻ったが，その後の低温科学研究所は研究部門の増加や呼称変更を経て，物理系8部門，生物系4部門の12部門の研究所として低温科学の研究における内外の中心的役割を果たしている．当時の低温室は，やがて1968年低温科学研究所の本館が移転してからも理学部地球物理学教室で運転維持され，いくつかの実験的研究がなされた．筆者の仕事「降雪の荷電機構に関する実験的研究」は，ここで生産された最後の学位論文である．やがて北海道大学構内の環境整備のために取り壊されて，「人工雪誕生の地」と刻まれた記念碑が建てられている（東　晃，1980）．それが，いにしえの研究者の夢と奮闘の跡である．

（遠藤辰雄）

引用文献

朝比奈英三，1980：「低温科学研究所，北大百年史　部局史」，株式会社ぎょうせい，1149-1205．

太田文平，1975：「中谷宇吉郎の生涯」，株式会社学生社，262pp．

東　晃，1980：人工雪誕生の地記念碑について，雪氷，**42**，263-264．

Hori, T., 1953 : Studies on fogs, in relafion to fog‐preventing forest, Tanne Trading CO., LTD (Sapporo, Hokkaido, Japan), 399pp.

技術院, 1945：千島, 北海道の霧の研究, 戦時研究六の二, 技術院研究動員会議, 206pp.（復刻印刷：昭和56年7月31日, 日本気象協会）

山田知充, 児玉裕二, 1991：雪渓の水循環に関する水文学的研究, 文部省科学研究成果報告書, 一般研究（B）01460053, 平成3年3月, 146pp.

山口 悟, 白岩孝行, 成瀬廉二, 1998：大雪山系ヒサゴ雪渓の最近の質量収支の変動, 雪氷, **60**, 279 – 287.

参考文献

中谷宇吉郎, 1938：「雪を作る話, 随筆集：冬の華」, 岩波書店, 436pp.

小林禎作, 1980：「六花の美」, サイエンス社, 249pp.

関戸弥太郎, 1980：はじめての人工雪（そのⅠ）, 雪氷, **42**, 251 – 262.

関戸弥太郎, 1981：はじめての人工雪（そのⅡ）, 雪氷, **43**, 41 – 54.

樋口敬二・池内 了 編 2000：中谷宇吉郎集（全八巻）岩波書店.

b. 富士山頂の大気観測の歴史

1. はじめに

　富士山は日本人にとって特別な山である．新幹線に乗って，窓の外に雄大な富士山が見えると，なんとなく幸せな気分になるのは私達だれしもが持つ感覚ではないだろうか．富士山は，普通の山に比べて高さの割には容積が小さく，典型的なコニーデ型火山で，なだらかな裾野から日本最高の山頂に至る優美な曲線を描いている．日本人は古くから信仰登山の対象としてこの山に尊敬な気持ちを抱き続けてきた．著者らは，1990年の8月から富士山頂で降水の採取を始めた．富士山頂で仕事ができることの幸運と同時に，山岳における先駆的な気象観測の歴史に対して，相当の覚悟が必要であると感じた．その歴史について大気科学にウエイトを置いていくつかのエピソードをまとめた．

2. 気象官署になるまで

　大気の鉛直構造は天気と密接な関係がある．そのため，本州のほぼ中央にあり，3,776 mの富士山頂はひとつの理想的な地点として，明治初期よりいくつかの気象観測が行われた．19世紀後半には，ヨーロッパ・アルプスのモンブランで観測が始まり，「上層大気」という考え方が出始めていた．最初の試みは当時の東京帝国大学のお雇い外国人教授メンデンホールによる重力測定で，中央気象台の職員も参加している．以後，1889年から夏に限って山頂の気象観測が行われた．しかしながら，厳しい気象条件のため，冬の観測はほとんど不可能と考えられていた．

【野中 到，千代子夫妻】

　冬季観測に挑戦したのが，野中 到(いたる)，千代子夫妻である．新田次郎の小説「芙蓉の人」などで有名であるが，明治の人の気概を感じさせる壮絶な話である．とくに千代子夫人の行動力は驚くべきものである．1894年の夏，野中 到はその年の冬の観測のため私財を投じて，小屋を立て，物資を運び

込んだ．夫の準備を手伝いながら，千代子は馬方に頼み，密かに歩いて足を鍛えた．女性がズボンを履くことが異常だった時代に，彼女は夫と姑に内緒で着実に準備をすすめ，到が山にこもってから，乳飲み子を実家に預け，水杯（みずさかずき）で別れて，10月の山に登っていった．野中 到は情熱の人で，その観測計画は精神論が優先し，経費節約のためトイレもない小屋で2時間おきの観測をたった一人で続けるという非現実的な面を持っていた．この観測を一人で実行するのは無理だと思った千代子は手伝うことにきめ，独学で気象測器の扱い方を体得しての決行であった．山頂の到も最初は追い返そうとしたが，潔く自分の非を認め二人の観測が始まった．しかし，まだビタミンについての知識のない時代で，壊血病と脚気に悩まされた冬の山頂の生活のひどさは想像に余る．希薄な大気と－20℃以下の寒気の中で，二人の文字通り命がけの観測は82日間続き，世論に押され，また，心配した気象台の和田雄治らによって瀕死の状態で担ぎ下ろされて観測は終わった．到29歳，千代子24歳の冬であった．

【佐藤順一と佐藤小屋】

　その後，野中夫妻のあまりにも大変な観測に恐れをなしたのか，山頂の通年観測は20年以上にわたって行われなかった．当時の気象測器が輸入品であり，日本はまだ修理技術を持たず，極低温と低い気圧に耐えられなかったことも一因であった．次に，通年観測に挑戦したのは，元サハリン測候所長佐藤順一である．彼は山階宮（やましなのみや）のバックアップで筑波山測候所長として富士山頂観測の準備をしていたが，宮の急死で計画は頓挫した．幸い，宮に関係のある実業家の援助が得られることになり，山頂観測に挑戦した．1927年に一度失敗した後，1930年，58歳の彼は強力（ごうりき），梶房吉（かじふさきち）の協力を得て，厳冬期の観測を成功させた．これも，また超人的な仕事で，梶は凍傷にかかった佐藤の手をわら束で殴りつづけて観測に協力したと伝えられる．ここまでが，気象庁（当時は中央気象台）の測候所になるまでの話である．

3. 気象官署となる

　1932年世界極年にあたり，北極や南極の探検，観測が行われたが，その準備として前年の1931年から，富士山観測にも一年限りの予算がつき，佐藤小屋を改造して臨時富士山観測所ができ，気象観測が行われた．年末に観測所を閉鎖して下山する仕事の中心になったのが後の測候所長，藤村郁雄である．彼は仲間と話し合い密かに余分な食料を運びこみ，「下山不可能」の連絡をして，観測を続けた．幸い，外部の援助もあり予算が得られ，以後有人の観測所として観測が続けられている．現在でも世界で最も高所にある有人の観測所である．

　1936年には「臨時」の文字が取れ，1944年には送電線が設置された．これは戦時中であり，気象官署が陸軍の影響下にあった時代であり，単に純粋な科学として気象観測のためだけではなかった．戦後，1951年「富士山測候所」に昇格した．中央気象台も1956年気象庁に昇格した．1953年から58年の間が山頂の気象観測の最盛期で，人工降雨や気球の着氷実験，ラジオゾンデ用の毛髪湿度計や防水型風力計の開発が行われ，宇宙線の観測も行われた．このころ，藤村郁雄の考案した雨量計で富士山の降水の測定も行われていた．

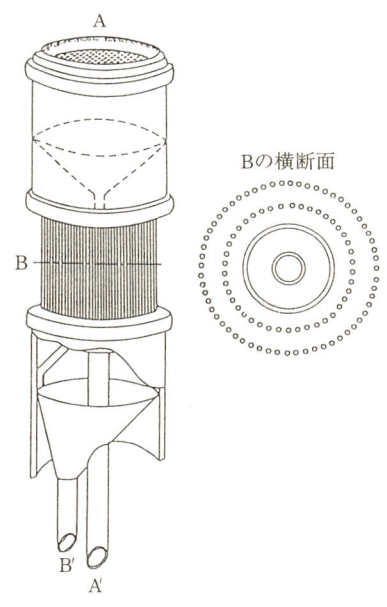

図2.3　藤村郁雄の考案した「山岳雨量計」(藤村，1971).
A,A'：上部方向からの降水を採取，
B,B'：横方向からの降水を採取

【藤村式雨量計と富士山頂の降水量】

　現在，富士山頂の降水量は報告されていない．測候所があるのになぜかというと，公式の雨量計で計っても

意味がないからである．雨量計は上から降る降水の量のみを測定するように設計されているが，山頂の降水は横からも下からも降るためである．藤村は上から降る雨と横から降る雨を別々のロートで受ける雨量計（図 2.3）を自作し測定した．その結果，風速により横からの方が多くなることもあると報告している．残念ながらこの雨量計は正式の気象測器として採用されていない．いずれにしても富士山頂の降水量を計るのは難しい．

藤村が山頂の付近にいくつか雨量計を置いて山頂付近の降水量を推定したデータがある．その結果によると，山頂付近の年間降水量は 4,950 mm となり，日本の中でもかなり多くなる．通常の雨量計を用いて測定した山麓の太郎坊ではこれに近い値が観測された．図 2.4 に降水量の分布図を示すが，山頂そのものは強風下にあり，採水量はこれより少ない可能性もある．

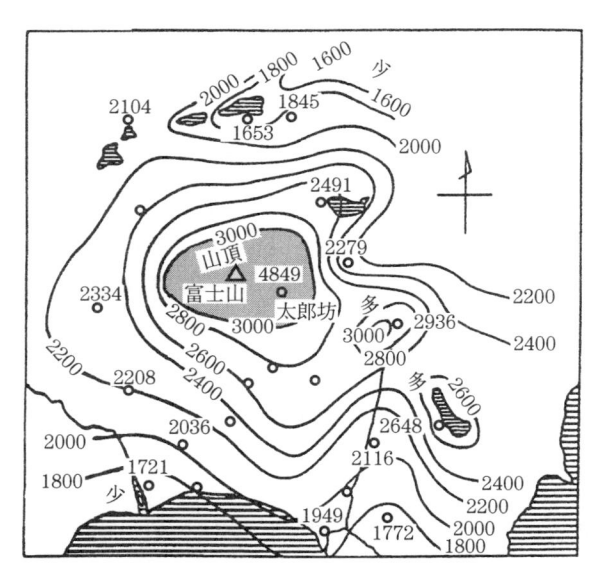

図 2.4 富士山頂付近の降水量（藤村，1971 を参考に作図）
図中の数値は mm

【富士山レーダー】

1964年に富士山レーダーが完成した．当時の測器課長だった藤原寛人（新田次郎[1]）が陣頭指揮をとって完成させた話は，石原裕次郎主演の日活映画「富士山頂」で知られている．雪解けを追いかけるように物資を山に上げ，山頂の乱気流の微妙な条件を見ながら，ヘリコプターでレーダードームを取り付けたのは，スリリングなものだったと言われている．

レーダーの完成により，それまでの高層気象観測を目的とした富士山測候所はレーダー観測が主たる任務となった．富士山レーダーは3,776 mの高度にあることが圧倒的に有利で，半径800 kmのエコーが得られた．静止衛星「ひまわり」のなかった当時，日本に接近・上陸する台風の監視役として威力を発揮し，正確な台風予報に貢献してきた．

【観測の継続を支える職員】

富士山頂の継続的な有人観測は，先人の努力と熱意によって軌道に乗った．しかし，現業の場でそれを維持するのは職員達である．いつも劇的な事件が起こるわけではない日常の業務を，しかも一つ間違えば命にかかわる危険な場所で着実に行うことが要求される職場である．冬の富士山の気象はヒマラヤよりも厳しいといわれ，プロの登山家にとっても困難で危険な山である．その富士山頂に66年にわたってたゆむことなく有人観測が続けられたのはパイオニア時代の精神が受け継がれ，常に気象業務に対する情熱を持って困難に立ち向かう職員の努力によるものであった．

富士山頂勤務は1999年10月まで，5名（2001年1月現在4名）で構成する6班が3週間づつ交代で行った．気象庁の職員で「富士山測候所」に配属されると，まず冬山の訓練を受け勤務に入る．富士山測候所勤務者の「安

---

1) 新田次郎（1912～1980）

新田次郎は本名，藤原寛人．生え抜きの気象庁人である．富士山観測の経験も長く，藤村郁雄らが越冬観測を続け，やっと継続が認められた1932年1月6日，交代勤務員として登っていった若手の一人であった．その後，気象庁観測部でレーダーの仕事を専門とし，富士山レーダー設置の時の測器課長を最後に気象庁を退官し，作家の仕事に集中した．
富士山に関係した作品：「凍傷」(1955)，「富士山頂」(1967)，「芙蓉の人」(1971)．

全対策要領」によると,「いわゆる登山家のように,"山がそこにあるから登る"のではなく,"山の上に仕事があるから登る"」のであり,安全第一が基本である.常に安全で慎重な登下山と山頂勤務を目標にしてきたため,「日本一危険な公務」と言われながら,主として戦後の混乱期に4名の殉職者を出したほかは,ほとんど無事故で気象業務が続けられてきた.

【長田輝雄(おさだてるお)】

殉職者の一人に,元強力で,長年山頂勤務を続けた長田輝雄がいる.前述の日活のロケ隊に対して 20 m/s 以上の強風でも「こんなものそよ風だよ」と言っていたことから「そよ風の輝さん」とよばれていた.佐藤順一と梶房吉の厳冬期の観測を食料の差し入れなどで支えた一人でもあった.定年を前に 59 歳の冬に交代の途中で滑落して亡くなった.現在,8 合目から上の冬の登下山に欠かせない長田尾根という手すりのついた登山道があるが,彼が少しずつ石を積んで作っていた遺志を継いだ職員や強力が完成させたものである.

【富士山レーダー山を降りる】

1997 年 8 月の朝日新聞に,「レーダー更新の時期になり,予算や性能,維持など検討の結果,富士山レーダーは更新しないことが決まった」と報じられた.1999 年 10 月で観測業務を終了し電源が切られた.一つの時代の区切りがきたといえるかもしれない(5 章 8 節参照).

4. 富士山観測はもう終わったのか?

では,富士山で観測する意味がもうなくなったのだろうか.否,むしろ大気科学,とくに大気化学の進歩に伴って,富士山の観測地点としての重要性は増しているということができる.大気化学の分野の観測の歴史を以下に述べる.また,気象観測に関する主要なものと併せて年表(表 2.1)にまとめた.

【富士山頂の大気化学観測】

化学成分に関する観測は,1990 年以前には非常に少ない.1933 年に中央気象台の関口鯉吉(こいきち)が光電管とフィルターで上層のオゾン層の測定した例(関

表 2.1 富士山頂の大気観測の年表（大気化学観測に重点をおいた）

1880	東京帝国大学の重力測定，気象台の職員参加（Mendenhall, T.C., 中村精男，和田雄治）
1889	中央気象台中村精男ら，山頂と山中湖畔で気象観測（8～9月）
1895	野中 到，千代子夫妻，冬季82日間山頂で気象観測（10～12月）
1895～1910	中央気象台による夏季の気象観測（8～9月）
1926	佐藤順一，東安河原に私設気象観測所を設置，厳冬季（1月3日～2月7日）の滞頂観測
1931	中央気象台臨時富士山観測所（佐藤小屋改築），一年限りの予算．藤村郁雄ら，下山命令に抵抗して越冬観測
1932	山頂の連続気象観測始まる
1933	関口鯉吉，光電管とフィルターを用いて O_3 の定量
1936	「臨時」の文字が取れ，「富士山気象観測所」
1944	送電線設置
1948	小山忠四郎，菅原 健ら（名大），山頂より持ち帰った霧氷試料の化学分析
1951	「富士山測候所」に昇格
1953～58	観測最盛期；人工降雨実験，気球の着氷実験，ラジオゾンデ用毛髪湿度計，防氷型風力計などの研究，核実験による大気放射性物質の測定，宇宙線観測など
1964	富士山レーダー完成．
1972～76	小野 晃，田中豊顕ら，氷晶核の観測
1980～81	中沢高清ら（東北大），CO_2 の連続観測
1990	丸田恵美子ら，降水の化学成分の観測開始
1992	堤 之智ら（気象研究所），O_3 の連続観測開始
1993～1994	坪井一寛・関谷裕功ら（気象大学校）エアロゾル，微量気体の夏季観測
1997～	堤 之智，五十嵐康人ら（気象研究所）を中心に，大気化学夏季集中観測開始
1997	レーダーを更新しないことが決定される
1999	レーダー観測終了

口理郎，1994），1948年に名古屋大学の小山忠四郎が，霧氷を大量に持ち帰り化学分析した例（Sugawaraら，1949）が報告されている．1972～76年の間に名古屋大学，小野 晃による氷晶核の生成に関する連続観測が行われ（Ono，1978），また田中（1991）は，黄砂の氷晶核濃度への寄与を報告している．1980年代に東北大の中沢らが CO_2 の測定を行い，低地のような日内変動を示さないことを報告している（Nakazawaら，1984）．

最初に触れたように，1990年の夏から我々は，降水の化学成分の測定を始め，次いでエアロゾル，微量気体の観測を続けた．1992年の夏から，気象研究所の堤らが O_3 の測定をはじめた（10章a参照）．また，エアロゾルや微量気体の観測も少しずつ始められるようになった．これまでの観測は

当時気象大学校の教官だった土器屋と、富士山をフィールドに植物を研究する丸田が、気象大学校卒業研究の学生とボランティアでいわば「パイロットプラント」的に行った．予算も少なく，手作りの装置や借り物で細々とやっていた．いくつかの結果がでたのと，気象研の堤の O_3 測定の結果がでたため，富士山頂の大気化学観測の面白さが徐々に認められ，1997年には気象研究所を中心に夏季集中観測が始まった．21世紀の富士山測候所の新しい任務に大気化学観測が含まれることを切望している．

（土器屋由紀子，丸田恵美子）

謝　辞

本稿をまとめるにあたり、富士山測候所の多くの方々のお世話になりました．とくに，元職員の勝又実枝子さんには，観測の合間に昔話を聞かせていただき，元観測員芹沢早苗さんには貴重な写真を提供していただきました（カバー（表）と口絵3）．富士山観測の仕事を始めるに当たり，駒林誠元気象大学校長より貴重な助言をいただきました．記して感謝します．

引用文献

藤村郁雄，1971：富士山の気象，富士山総合学術報告，富士急行，220－296.

気象庁，1975：気象百年史，，第一法規（株），120－147，371－381.

Nakazawa, T., S. Aoki, M. Fukabori, and M. Tanaka, 1984: The concentration of atmospheric carbon dioxide on the summit of Mt. Fuji (3776 m), Japan, *J. Meteorol. Soc. Jpn.*, **62**, 688－695.

Ono, A., 1978: Sulfuric acid particles in subsiding air over Japan, *Atmos. Environ.*, 12, 753－757.

関口理郎，1994：富士山二題，気象，**38**，10－13.

Sugawara, K., S. Oana, and T. Koyama, 1949: Separation of the components of atmospheric salt and their distribution. *Bull. Chem. Soc. Jpn.*, **22**, 47－52.

田中豊顕，1991：「大気水圏の科学：黄砂」，名古屋大学水圏科学研究所編，古今書院，200－215.

参考文献

藤村郁雄ら，1974：「富士の気象」，気象研究ノート118号.

読売新聞社，1992：「富士山－大いなる自然の検証」，読売新聞社編.

3章 雪とアルベド

1. 山の色とアルベド

秋が深まる頃,あちこちの山から初冠雪の便りが届く.山は夏の緑から秋の紅葉,そして,雪に覆われた姿へと変化し,その「色」も一変する.これは光学的にいうと山の表面の反射率が変化するためである.もう少し正確には,木の葉や紅葉,積雪表面の間で,可視域における反射率の波長分布が異なるためである.図3.1は5月と11月のイロハモミジの葉の表面の反射率と積雪のアルベドの波長別測定値である.アルベドとは下向き日射量と上向き日射量の比である.反射率とアルベドの定義は厳密には異なるが,ここでは同じものと考えて差し支えない.図に示した波長域のうち,

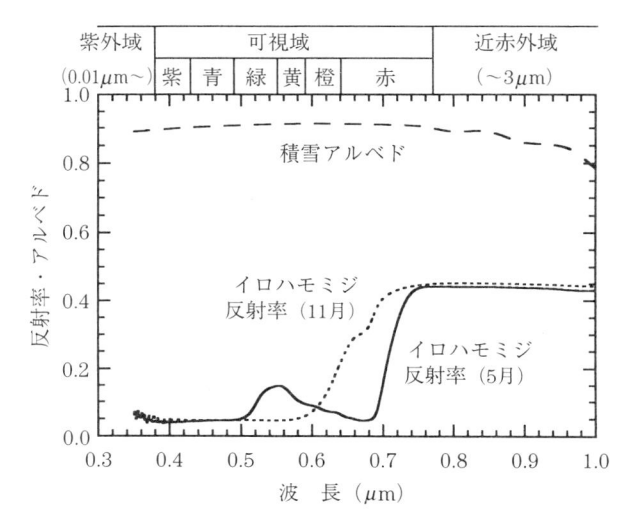

図3.1　5月と11月のイロハモミジの葉の表面の反射率と積雪のアルベドの波長別測定値
イロハモミジは実験室にて測定,積雪の波長別アルベドは1998年2月23日に北海道美幌にて測定(太陽天頂角56.9度,快晴).

可視域は 0.38〜0.77 μm の範囲で，それより短い領域を紫外域，長い領域を近赤外域と呼ぶ．ただし，分野によっては波長域の定義や呼び方が異なることもある．この本では波長と色の対応は理科年表 (1999)，波長域の分類は会田 (1982) に従った．

　さて，5月と11月のイロハモミジの反射率の違いは，5月には緑から黄色の波長域に小さなピークがあることに対し，11月にはそのピークが消え，橙から赤にかけて値が高くなることである．5月の緑と11月の紅葉の色の違いは，この反射率の違いによるものである．それらに比べ積雪のアルベドは，値が高くほぼ一定値である．このため雪は白く見える．両者の反射特性の違いは，積雪では主に氷による光の吸収がこの波長域で非常に少ないことに対し，イロハモミジは可視域において葉緑素などの色素による吸収によって反射特性が決まっていることである．

　人間の目からすれば，可視域における物質の反射率が波長変化するために山の色の変化として感じられるが，地面における太陽エネルギーのやり取りという視点で見ると，イロハモミジの反射率と積雪のアルベドの対比のほうが興味深い．太陽エネルギーは可視域だけでなく，もっと長い波長域まで分布している．図 3.2 は波長 2.5 μm までのイロハモミジと積雪の反射特性を表したものである．波長 0.7 μm 以上では，イロハモミジは 5月と 11月でほとんど同じ反射特性を持っている．すなわち，大きく見れば季節によらず，イロハモミジは可視域の光を吸収し，近赤外域の光は反射している．それに比べ積雪は長い波長域に向かうにつれてアルベドが減少し，ついに 1.4 μm 以上では逆転してしまう．このような，主に可視域における反射特性の違いによって，地面における太陽エネルギーのやり取りでは，雪が降ることにより地面が吸収する太陽エネルギーはたちまち減少することになる．一方，波長 1.4 μm 以上の領域ではイロハモミジの反射率と積雪のアルベドは割と似ている．例えば，イロハモミジにおける 1.4 μm，1.9 μm，2.5 μm 付近の反射率の減少は，葉に含まれる水による光の吸収と対応している．これに対し，積雪における 1.5 μm，2.0 μm，2.5 μm 付近のアルベドの減少は，氷による光の吸収と対応している．この波長域では，

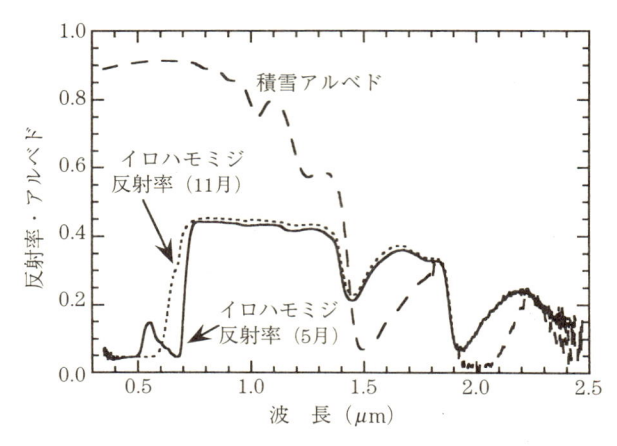

図 3.2 図 3.1 と同じ．ただし，波長域 0.35〜2.5 μm の波長分布．

イロハモミジも積雪同様無機的な反射特性を持っているといえるかもしれない．

　大気中には水蒸気や CO_2，O_3 などの太陽光を吸収する気体が存在する．また，空気分子のように太陽光を散乱することにより，太陽光の一部を宇宙空間に跳ね返すものや，雲やエアロゾルなど吸収と散乱の両方を行う物質も存在する．図 3.3 は地上と大気上端における晴天時の波長別放射照度（日射量）を放射伝達モデルによって計算したものである．放射伝達モデルとは大気中における光の散乱や吸収などの物理過程を数値モデルで計算し，大気上端や地表面における日射量やアルベドを求めるものである．このモデルは地表面に積雪を配し，積雪粒子による散乱や吸収を考慮した大気－積雪系の放射伝達モデルである．大気上端にやって来る太陽光エネルギーのうち，約 98% がこの波長域 0.2〜3.0 μm の範囲に存在している．そのうち約半分が可視域に含まれ，残り半分は紫外域や近赤外域に含まれる．紫外線の多くは大気上層のオゾン層に吸収されるため，地面に達するエネルギーはわずかである．可視域では気体による吸収は少ないが，晴天の場合，空気分子やエアロゾルの散乱によって一部の光が大気外へ反射される．しかし，積雪面上ではアルベドが高いため，地表と大気の間で多重反射が起

こり，海面上などと比べ日射量が多くなる．また，エアロゾルの質と量は季節や地域，高度によって大きく変動するため，地表面における日射量はエアロゾルにも依存している．この図では北日本における冬季の平均的な晴天時のエアロゾル濃度を仮定している．近赤外域になると気体による吸収が増え，地上に達する太陽光は少なくなってくる．図3.3において，地上での日射量が近赤外域において，虫食い状に減少している部分が気体による吸収帯で，この領域では水蒸気，CO_2などの吸収帯が存在する．

積雪が吸収する太陽エネルギーは，図3.3で求めた波長別日射量と図3.2の積雪の波長別アルベドを1.0から引いた値をかけ算することにより得られる．そのエネルギーが積雪の温度を上昇させたり，融解させたりする．雪氷面が地球の気候に対して冷却効果をもつ最も大きな原因は，太陽エネルギーの割合が大きい可視域において，アルベドが他の地表面に比べて著しく高いためである．したがって，雪が積もるかどうかということは，その地域やもっと広い範囲の気候に大きな影響を持っているといえる．

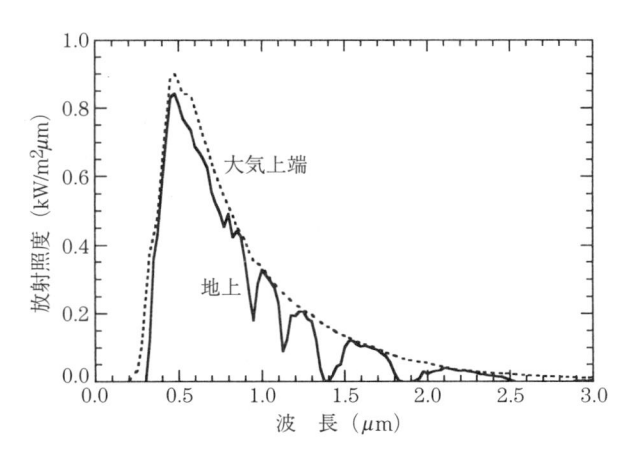

図3.3　地上と大気上端における晴天時の波長別放射照度の放射伝達モデルによる計算値
地表面は積雪に覆われ，太陽天頂角63.1度での中緯度冬季大気モデル．波長0.5μmにおける光学的厚さ0.1のRuralエアロゾルモデルを使用．

2．積雪アルベドの特徴

前節では波長別アルベドについて述べたが，一般的にアルベドといった場合，波長積分した下向き日射（全天日射量）と上向き日射（反射日射量）の比を意味する．雪に対するこのアルベドは多くの文献で 0.4～0.95 などのように，幅をもって記述されることが多い．そのことを積雪アルベドの実測値から見てみよう．図 3.4 は新潟県中里村で観測された積雪アルベドの 1 カ月間の変化である．この測定は積雪面上に全天日射計を上向きと下向きに固定し，アルベドを全天日射量と反射日射量の 30 分平均値から求めたものである．右側の軸には毎日の積雪深と日降雪量を示している．アルベドは降雪後 0.9 位まで上昇し，降雪がないと時間と共に減少している．これには二つの理由が考えられる．一つは降雪がないときに，大気中のエアロゾルなどの汚れが積雪表面に降下し，その汚れがアルベドを低下させたと考えられる．もう一つの理由は積雪が融解したり，焼結現象を起こして積雪粒子が大きくなったためと考えられる．焼結現象とは積雪の結晶を構成して

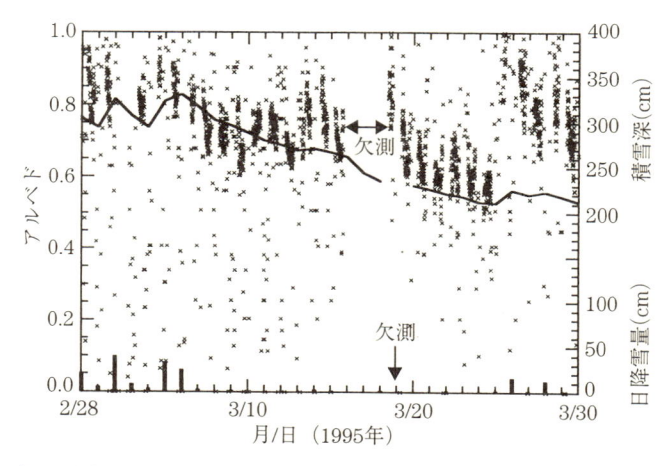

図 3.4　新潟県中里村で測定された積雪の 30 分平均アルベド（×印，左軸）と毎日の積雪深（実線，右軸上），日降雪量（棒グラフ，右軸下）の 1995 年 3 月における 1 カ月間の変化

いる水分子が結晶表面を移動し，複雑な結晶構造が単純な形へと変化する現象である．新潟県中里村のように標高の低い地方では，気温が高いため，融解や焼結が活発に起こると考えられる．図のように積雪アルベドは短時間に大きく変化していることが分かる．一方，南極のように大気中のエアロゾルが少なく，気温の低い地域ではこのような短期間に大きなアルベドの変化は起こり難い．

積雪アルベドが汚れや積雪粒子の大きさで変化する現象は，放射伝達モデルによって再現することができる．このような研究は1950年代から始まり，1980年頃から実用段階に達した（Warren, 1982）．図3.5はさらにモデルの精度を上げ，大気との相互作用も考慮した大気－積雪系の放射伝達モデル（Aokiら，1999）によって計算した積雪の波長別アルベドで，積雪粒子の大きさとの関係を示している．積雪粒子は球形と仮定し，その半径（粒径）が50 μmで新雪，1,000 μmがざらめ雪に対応する．波長0.5 μm前後の可視域では，積雪粒径によらずアルベドは1.0に近いが，長波長側の近赤外域では，積雪粒径が大きくなるにつれてアルベドは減少する．このこ

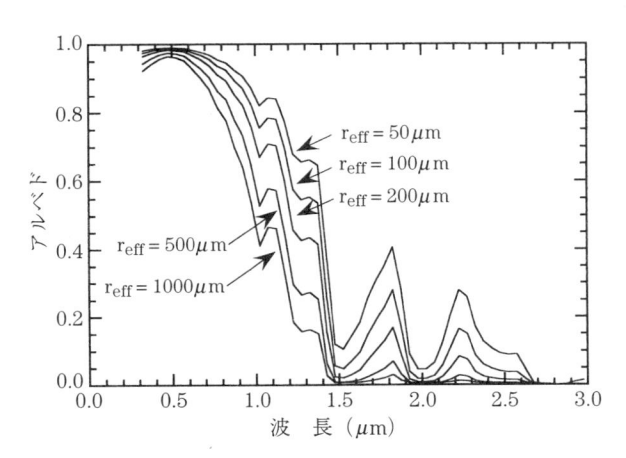

図3.5 積雪粒子の大きさと積雪の波長別アルベドの関係
大気－積雪系の放射伝達モデルによる計算値（太陽天頂角63.1度，快晴）．積雪粒子は球形の氷と仮定し，r_{eff}はその半径．

とは図 3.4 で見た，積雪の融解や焼結によって積雪粒子が大きくなり，アルベドが低下することと一致する．

　積雪中の汚れの効果も同じモデルで再現することができる．図 3.6 は積雪中に小さな「すす」の粒子が含まれている場合の波長別アルベドである．「すす」濃度の "ppmw" は重量比で，例えば，1.0 ppmw とは 1.0 g の積雪中に 1.0 μg の「すす」が含まれていることを意味する．「すす」濃度が増加すると，波長 1.4 μm 以下の短い波長域のアルベドが減少する．とくに，太陽エネルギーの割合が多い可視域でのアルベドの減少が顕著である．「すす」は大気エアロゾルに含まれる一般的な物質のうち，最も光を吸収する物質である．とくに，人為起源のエアロゾルに多く含まれ，わずかな量で積雪アルベドを大きく減少させる．このため主に北半球の中高緯度の積雪地帯では，積雪の汚染によるアルベドの減少により，融雪が早まるなど地球の温暖化を助長する方向に働くことが考えられる．新雪のサンプリング測定によると，北極域では既に 0.005～0.1 ppmw（Clarke and Noone, 1985）の「すす」が確認されており，我々の北海道東部の平地での観測でも 0.5～

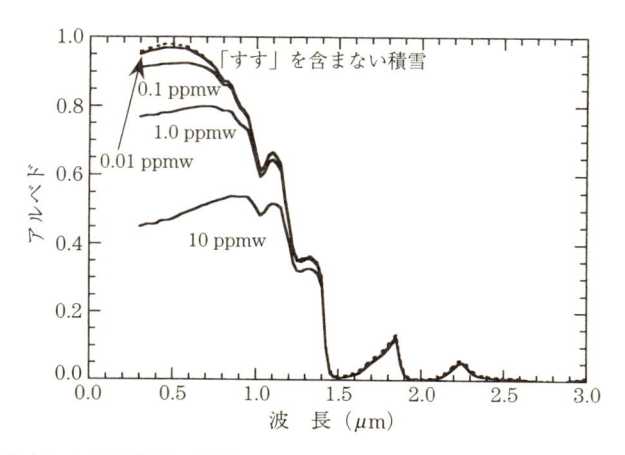

図 3.6 「すす」を含む積雪の波長別アルベドの計算値（太陽天頂角 63.1 度，積雪粒径 200 μm，快晴）
　　　実線は「すす」を含む場合，点線は含まない場合．

10 ppmw という高濃度の汚れ（「すす」以外の汚れも含む）を観測している．一方，南極点では 0.001 ppmw 以下（Warren and Clarke, 1990）という低濃度が報告されているが，現在，地球上でまだアルベドが減少していないきれいな雪は，南極と標高の高い山岳域以外にはほとんどなくなりつつある．

　富山県の立山の積雪中には多くの黄砂が含まれている．黄砂は「すす」に比べ吸収係数で 2 桁程度吸収が弱い．しかし，短期間で大量に降下することがあると，積雪表面に高濃度で分布してアルベドを減少させる．図 3.7 は 4 月の立山室堂平で測定された，黄砂で覆われた雪面と黄砂を除去した雪面の波長別アルベドである．この時期の積雪は黄砂以外の汚れも多く含んでいるため，可視域のアルベドは黄砂を除去しても低めであるが，黄砂によってさらに大きく低下していることが分かる．また，雪質はざらめ雪であったため，近赤外域のアルベドも低い値になっている．実は，汚れによる可視域のアルベドの低下の割合は，その濃度だけでなく，積雪粒径とも関係している．同じ汚れの濃度でも積雪粒径が大きいほど，アルベドの低下は大きくなる．このことによって，積雪アルベドの低下には次のような正

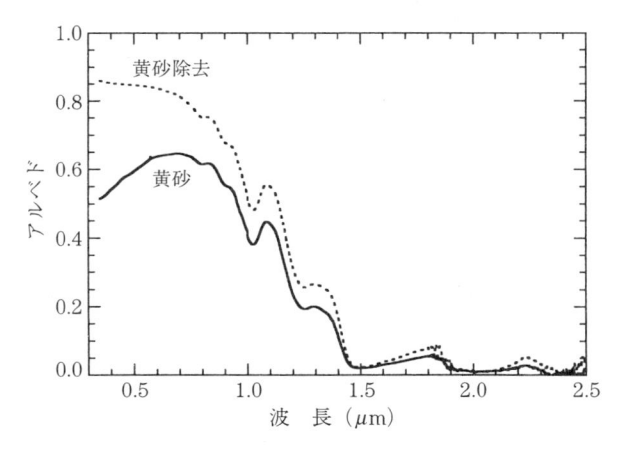

図 3.7　富山県立山室堂平にて測定された積雪の波長別アルベド
1996 年 4 月 27 日に測定．実線は積雪表面を黄砂が覆っている場合（快晴，太陽天頂角 50.4 度），点線は黄砂を除去した場合（太陽天頂角 41.2 度，快晴）

のフィードバック効果（助長作用）が働く．

汚れによる積雪汚染は，その直接的効果だけでなく，粒径の増加を通してアルベドの低下を引き起こしている．このように積雪の汚れと粒径はアルベドに対して重要な要素である．現在，人工衛星を使って，積雪の波長別反射率の観測から積雪の汚れと粒径をリモートセンシングによって全球的に求めようという計画が進んでいる．

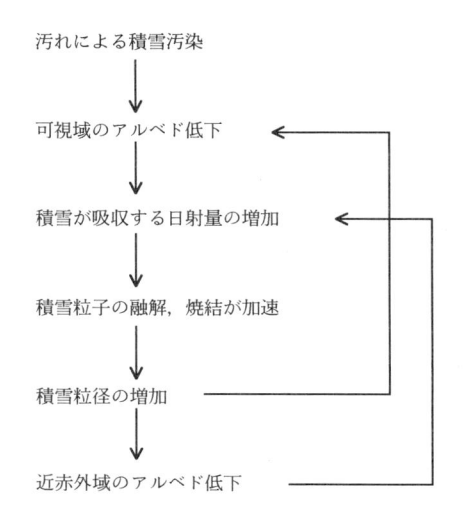

汚れによる積雪汚染
↓
可視域のアルベド低下 ←──┐
↓ │
積雪が吸収する日射量の増加 ←─┤
↓ │
積雪粒子の融解，焼結が加速 │
↓ │
積雪粒径の増加 ──────┘
↓
近赤外域のアルベド低下

積雪の波長別アルベドは，これまで見てきたように汚れと粒径に大きく依存するが，それ以外にも積雪の深さ，積雪構造，含水率，積雪粒子の形など積雪自身の物理特性や雲，エアロゾル，気体による吸収など大気成分，太陽の角度などによっても変化する．これら複雑な物理量を含んだ放射伝達モデルが現在，世界中で開発されている．

3．積雪内部の色

積雪表面は白く見えるが，実は内部は青く見える．例えば，南極内陸部では食料の貯蔵などのために積雪に掘った洞穴（雪洞）の内部が青から紫に見えることから，「紫御殿」などと呼ばれている．日本の積雪でも雪にピッケルなどで穴をあけて，入り口から光が入らないようにして内部をのぞくと，少し青く見えることがある．しかし，最近の積雪では緑色に見えることが多くなってきた．これは雪が汚れているためである．

図3.8は汚れのない積雪中のいくつかの深さにおける，波長別透過率を放射伝達モデルによって計算したものである．この場合の透過率とは積雪表

面における下向き日射量と積雪内部における下向き日射量の比である．同時に点線でアルベドも示している．透過率は積雪の下へ行くと 1/10，1/100 と大きく減少するため，対数軸で示している．浅い場所での透過率はアルベド同様，波長依存性が少なく，このため白く見えるが，深くなるにつれ 0.47 μm の青をピークとした波長分布に変化する．すなわち，深くなるほど青く見えるという訳である．この理由は氷の光学的性質によるもので，氷は青い光を最もよく透過し，それ以外の波長の光は青から遠ざかるにつれ，吸収が強くなる．積雪中では多数の氷の粒子が詰まっている状態にある．その個々の粒子に太陽光が当たったとき，一部の光は吸収され，残りが散乱される．光は次々と積雪粒子によって散乱・吸収を受けることによって減衰し，深くなるほど暗くなる．同時に波長分布は吸収を最も受けにくい青い波長の光が相対的に多く残ることになる．

　もし，積雪中に汚れが含まれると，透過率の波長分布は汚れに応じて変化する．「すす」のように非常に小さな粒子が積雪中に含まれている場合，

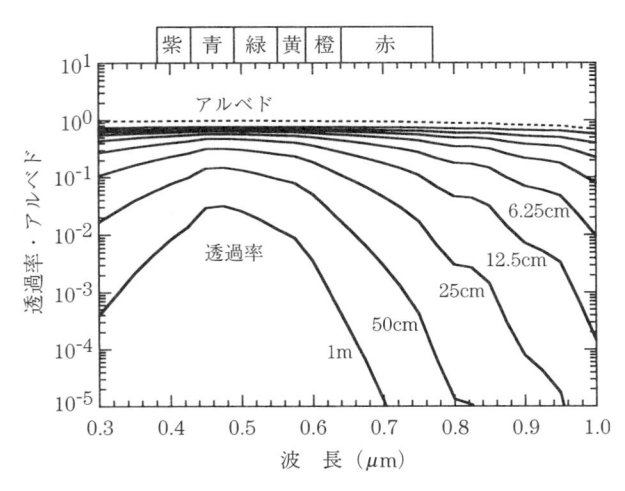

図 3.8　汚れのない積雪中に対する波長別透過率（実線）とアルベド（点線）の放射伝達モデルによる計算値（太陽天頂角 63.1 度，積雪粒径 200 μm，快晴）
図中の数字は透過率を計算した深さで，その下には同じ積雪が十分深くまで存在する．

「すす」粒子による吸収は短波長側ほど大きい．このため透過率は短波長側から減少する．すると透過率の波長分布のピークは長波長側に移動し，次にあらわれるピークは緑色になる．このため少し汚れた積雪の内部は緑色に見える．さらに汚れると理論的には黄，橙，赤へとピークは移動するが，経験的には灰色に見える．野外観測の際，このことを利用しておおざっぱではあるが，積雪の汚れを推定することができる．なお，この観察では直射日光があった方が，より深くまで調べることができ，色もはっきり認識できる．

　雪は人間の目にはただ白いものでしかないが，気象学的にはさまざまな色を持っており，それは地球の気候にも重要な役割を持っている．それと同時に，雪の色は地球環境の指標でもある．

（青木輝夫）

引用文献

Aoki, Te., Ta. Aoki, M. Fukabori and A. Uchiyama, 1999 : Numerical simulation of the atmospheric effects on snow albedo with a multiple scattering radiative transfer model for the atmosphere-snow system. *J. Meteor. Soc. Japan*, **77**, 595 - 614.

会田　勝, 1982 :「大気と放射過程, 気象学のプロムナード 8」, 東京堂出版, 280 pp.

Clarke, A. D. and K. J. Noone, 1985 : Soot in the Arctic snowpack : a cause for perturbations in radiative transfer. *Atmos. Environ.*, **19**, 2045 - 2053.

理科年表, 1999 : 国立天文台編, 丸善株式会社, 1058 pp.

Warren, S. G. and A. D. Clarke, 1990 : Soot in the atmosphere and snow surface of Antarctica. *J. Geophys. Res.*, **95**, 1811 - 1816.

Warren, S. G. 1982 : Optical properties of snow. *Rev. Geophys. Space Phys.*, **20**, 67 - 89.

4章 山の大気を理解するための気象学講座

1. はじめに

　本書では，山岳における大気観測に関する研究成果について述べているが，それらを考察・理解するためにはどうしても気象学的なアプローチが必要になってくる．また山岳大気観測を行い観測結果を考察する上で，山における大気現象の把握が重要になる．そのため本章では，大気の構造や山の気象学の理解に必要な解説をする．

　まずはじめに，大気の構造を2節で取り上げる．次に山岳気象として，フェーン現象，山谷風，山岳波を3から5節で取り上げる．そして，山岳における大気観測は自由対流圏の中で行われているといわれるが，はたしてその下層にある大気境界層と自由対流圏との関係は何かを6節で述べる．最後に7節で，山の気象と密接な関連がある高気圧・低気圧について解説する．

2. 大気の鉛直構造

　温度・湿度・圧力など大気の状態をあらわす物理量は水平方向に変化しているが，鉛直方向にはもっと激しく変化している．夏に暑いからといって数1,000 kmも旅をして北極圏に行かなくても，わずか10 kmも上に昇ればそこには気温が零下数10 ℃という世界がある．大気科学では，大気を鉛直方向にいくつかの層に区分する．この区分の仕方もどの物理量に着目するかで違うが，普通使われているのは図4.1に示したように，温度の高度分布に基づいた区分である．下の層から，対流圏，成層圏，中間圏，熱圏という．

　対流圏（troposphere）は，一番下にあり，その厚さは赤道付近では約16 km，高緯度帯では約8 km，平均して約10 kmの厚さである．対流圏と成層圏の境界面を圏界面（tropopause）とよぶ．中緯度帯でも圏界面の高さは一定ではなく，低気圧付近では低く，高気圧付近では高くなり，その差は数

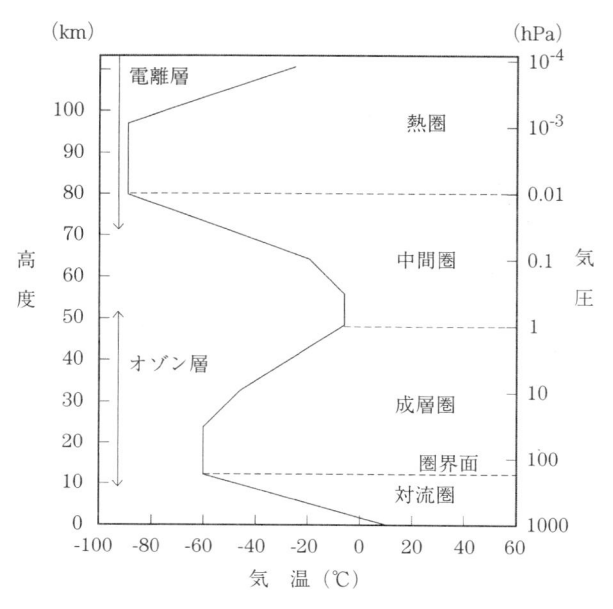

図4.1 大気の鉛直構造
左軸が高度，右軸は気圧で，温度の高度分布によって区分．

kmに達することもある．"トロポ"というのは，回るとか混ざるという意味のギリシャ語である．対流圏内では「対流」という名前のとおり，いろいろな運動によって対流圏内の空気が上下によくかき混ぜられている．雲ができ雨が降るなど目に見える大気現象をはじめとして，低気圧・前線・台風など，日々の天気の変化をもたらす大気の運動はほとんど全て対流圏内で起きている．この圏内では温度は平均して高度1kmにつき約6.5℃の割合で減少する．

　成層圏（stratosphere）は，下から2番目の層で対流圏の上にある．成層圏とその上の圏の境界面を成層圏界面（stratopause）という．成層圏の存在が確認されたのはそれほど昔のことでなく，1902年である．それまでは対流圏と同じく，温度はそのまま大気の果てまで下降して絶対零度（−273℃）に達すると信じられていた．ところがフランスの科学者テースランド・デ・

ボールは，温度計をとりつけた気球観測から，対流圏の上に温度がほぼ一様な層があることを発見した．その後ラジオゾンデ観測やロケット観測などにより，等温層の上には 50 km まで温度が上昇している層があることがわかった．気温が高度と共に上昇している状態は，断熱変化に伴う空気の上下運動に対してきわめて安定であるから，対流は全く起こりえない．安定なため，物質の上下拡散は抑制され，オゾン層，エアロゾル層など水平に広がった層状構造ができる．このような状態は，まさに大気が成層をなしていると考えられるので，圏界面から 50 km まで気温が上に高い層を「成層圏」と呼ぶようになった．

　成層圏で温度が上昇する理由は，成層圏にあるオゾン（O_3）が太陽熱を吸収するからである．O_3 は，成層圏に集中して存在し太陽光の紫外線を吸収する性質があるので，成層圏が加熱される．ところで O_3 濃度の極大は 15 km から 30 km の間にあるので，温度の極大も O_3 が集中している高度にあると思うかもしれない．しかし実際には，はるか上空の 50 km に温度の極大がある．これは太陽紫外線が大気中を通過する際，上層の O_3 にまず吸収され次第に弱まりながら下層に達するためと，空気の熱容量は空気の密度に比例して小さくなるので，上層にいくほどわずかな紫外線吸収によって温度が上昇しやすくなるためである．その結果，対流圏界面で $-60\,°C$ であった気温が高度 50 km で約 $0\,°C$ 近くまで上昇する．

　高度 80 km までは水蒸気以外の化学成分の割合は高度によって変わらない．大気中に各気体が占める体積の割合は，窒素が 78 %，酸素が 21 %，アルゴンが 1 % を占めているので，

　空気の平均分子量 $= 28 \times 0.78 + 32 \times 0.21 + 40 \times 0.01 = 28.96$

となる．空気にはその他の気体が含まれているが，その量は少ないので平均分子量を計算するときには無視してもよい．

3. フェーン現象

暖かく乾燥した空気が山から吹き下ろしてくる現象をフェーン現象という．もともとアルプス山中の局地風につけられた名前であるが，現在では一般名詞になっている．

日本付近でもフェーン現象が起きる．太平洋からの暖かく湿った南風が日本列島に横たわる脊梁山脈を乗り越え日本海側に吹き抜けようとするとき，風上側では図4.2のように吹き付けてきた空気は山の斜面のため強制的に上昇させられる．上昇すると雲を発生し雨を降らせながら，1,000 mにつき5℃の割合で温度が下がっていく．この減少の割合を気象学では，「気温減率」といい，空気中の水蒸気が雲粒や雨粒に凝結するとき熱を放出するので，湿った空気の気温減率は乾燥した空気の気温減率よりも小さくなる．そして雨を降らせて水分を失った空気が風下側の日本海側を吹き降りようとするとき，今度は1,000 mにつき10℃の割合で温度が上昇していく．したがって，太平洋から吹き付けてきた15℃の空気は，標高2,000 mの山頂付近で5℃になり，日本海側に吹き降りたときには25℃になって，前よりも10℃も気温が高くなる．

このように風上側の斜面で雲を発生させ，雨を降らすフェーンはウェット・フェーンといわれることがある．一般には，春先のころ低気圧が日本

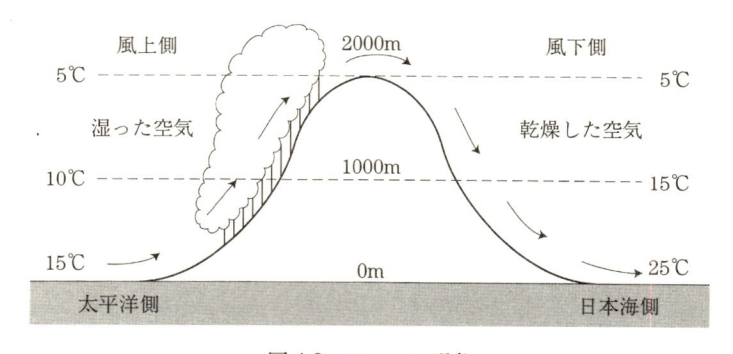

図4.2 フェーン現象

海や沿海州で猛烈に発達し，その低気圧に吹き込む強い南風が脊梁山脈を越え，日本海側に吹き降りるときにしばしばみられる．しかし，フェーン現象は春先だけでなく，冬，北西の季節風が強いとき，関東平野などの太平洋側の各地でもみられる現象である．また，日本の最高気温は，1933年7月25日山形市で観測され，気温40.8℃，湿度26％であったが，その原因はフェーン現象であった．

　一方，同じフェーン現象でも多少雲が発生するだけで雨が降らないことがある．上空の乾燥した空気が強制的に降下してくるときに生じる昇温で，これをドライ・フェーンという．実際にはウェット・フェーンよりドライ・フェーンの発生のほうが多いとされている．

4．山谷風

　山岳で風の特性を知るためには，まず山谷風を理解する必要がある．どこの山岳でも，その山腹には1日周期で変化する局地的な風が吹いている．日中には，山麓から山頂や稜線に向かって吹き，この風を「谷風」という．夜間には，山頂や稜線から山麓に向かって逆向きの風がふき，この風を「山風」という（図4.3）．両者を総称して山谷風と呼んでいる．また個々の斜面でも，小さな山谷風が吹いている．ここでは便宜上，日中斜面を上る小さな谷風を「個々の斜面を上る風」，夜間斜面を下る小さな山風を「個々の斜面を下る風」とよぶ．

　図に示した山谷風は，谷筋に沿って一方向で，斜面風が谷筋と直角な面内で循環している．実際には，山谷風と斜面風が合体してより複雑な循環を形成し，これら谷地形に発達する3次元的な循環を山谷風循環という．

　モデル化された山谷風循環は以下のような日変化をする．日の出ごろ，谷筋は山風であるが，朝日の影響で個々の斜面を上る風が発生する．その後，強い日射を受けて熱せられた山の斜面では，空気の温度が上がり密度が小さくなるから，谷筋の主流は弱まり消える．そのため谷の中では個々の斜面を上る風だけになって谷の中に小さな対流循環が起こるようになる．大体午前中，谷筋に沿った風は吹かず穏やかである．

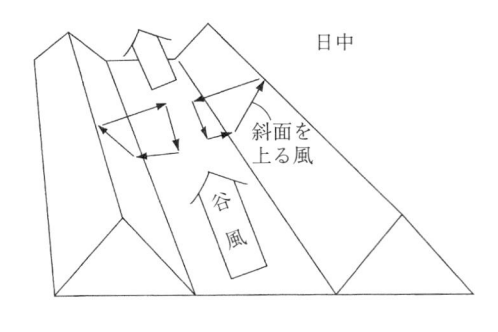

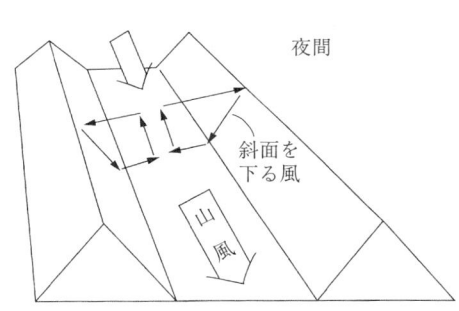

図4.3 山谷風のモデル
日中谷筋を昇っていく主風向の風を谷風,夜間谷筋を下っていく風を山風という.その他に,個々の斜面で循環が生じて,斜面を上る風,斜面を下る風がみられる.

　やがて正午を過ぎると個々の斜面を上る風が最も強くなり,谷の主流に沿って谷風が吹くようになる.午後になると,個々の斜面を上る風は弱まって消え,谷風だけになる.

　日が暮れるころになると,今度は放射冷却(夜間に地表面の熱が大気中に逃げてゆき,地表面付近の気温が下がる現象のこと)によって山腹の気温が下がり,個々の斜面を下る風が発生するが,谷の主流はまだ谷風が吹いている.そして夜に入ったころには,個々の斜面を下る風だけになって,谷間には昼間と全く反対の対流が起こり,谷の主流はなくなる.

　やがて真夜中になると,個々の斜面を下る風が強まり,山風が吹き出すようになる.そして夜明け頃には,個々の斜面を下る風はやみ,山風だけが吹くようになる.

5. 山岳波

◆◇ **5.1 山岳波とは**◇◆

　安定成層した乾燥大気中の気流が山脈に衝突すると，風上側の山腹で強制的な上昇を受ける．その気流内の空気塊は重力の復原作用でやがて引き戻されて，風下に流されながら上下に振動する．こうした山の風下にできる波を一般的に「山岳波」と呼び，ときには山岳波特有の雲を発生させる．山岳波の性状は，山の形と大きさ，大気の静的安定度，風とその高度分布などの気象条件に大きく影響される．また条件によっては，風下の山腹に沿って強いおろし風が吹き，フェーン現象あるいは局地的な強風災害を起こすことがある．

◆◇ **5.2 山に特有な雲，山岳波によって発生する雲**◇◆

　山岳をこえた気流は，山岳の風下側で波を打つようになる．その波頭で発生する雲をつるし雲，レンズ雲と呼んでいる（図4.4）．また山に特殊な雲の代表例として笠雲がある．

|レンズ雲|

　上空の風が強まってくると，風が高い山岳を乗り越えるときに，地形の

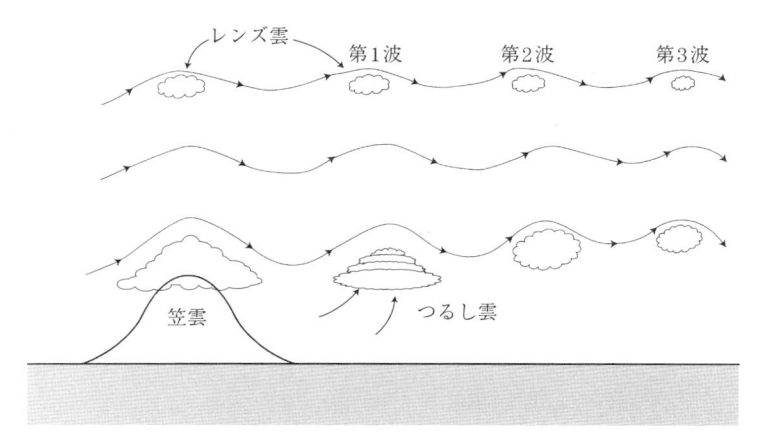

図 4.4　笠雲と山岳波によって発生する雲

影響を受けて，風の流れに上下の動きが発生し，山岳波が発生する．山岳波の波頭の風上側に雲が発生して，レンズ状の型を形成する．これを「レンズ雲」とよび，上空にレンズが横たわっているような型に見えたり，またUFOが飛んでいるようにも見える．レンズ雲は，波頭の風上側で上昇気流によって雲ができ，波頭を越えて風下側になると下降気流によって雲が消える．そのため，気流の変化がないと同じところに止まっているかのように見える．しかし，風向きや風速に変化を生じると同じレンズ雲でも型や位置を変える．

　レンズ雲が出現すると，天気は下り坂の兆しとなる．とくに強い寒冷前線や冬季の季節風の吹き出し，発達した日本海低気圧などに注意が必要である．

つるし雲

　上空の強風が高い山岳を乗り越えるときに，山岳の影響を強く受けて，風上側に強制的な上昇気流が，風下側に強い下降気流が生じる．強風が山岳の両側を回ってきた気流と合流することによって，ある一定の場所で，気流が再度上昇（ジャンプ）を起こし，そこに雲が発生する．この雲を「つるし雲」とよび，コマが空中で回っているように見える．

　つるし雲はレンズ雲と同様に天気の下り坂を示す兆しとなっているが，時には天気の回復時にも出現することがある．つるし雲の出現度はレンズ雲よりも比較的低く，影響を受けている山岳の高さとほぼ同じくらいの高さに出現する．この雲も気流に変化が生じると，型，位置などに変化が生じる．

笠雲

　上空に湿った強い気流が生じると，独立峰の頂部に雲がかかりやすくなる．その姿が山が笠をかぶっているかのように見えることから，「笠雲」とよばれる．一般的に天気の下り坂や悪化の兆しを示すもので，型はそれぞれの山岳によって多種あり，その時の気流の違いや気温，湿度などの様子によって異なった笠雲が出現する．

　笠雲のできる独立峰は，ほぼ決まった山岳で，このため日本の各地には笠ガ岳という山岳の名称が数多くついている．とくに代表的なのが富士山

の笠雲だが，関東地方から中部地方にかけての広い地域の山岳で見ることができ，観天望気における有効な手段の一つになっている．

笠雲は深い気圧の谷や発達した日本海低気圧などの接近時に出現することが多く，したがって全般的に南から南西にかけての湿った風が強まってくる時に発生する．また，冬季の季節風の強い時に出現する笠雲の場合，悪天域は山頂部のみで，季節風が弱まるとしだいに解消していく．

◆◇ 5.3 おろし風 ◇◆

おろし風は，山を越えた気流が風下側の山腹・山麓に吹き降りる現象で，時として被害を伴う強風を発生させる．おろし風は，きわめて地形の影響の強い現象のため，発生する場所や強さがある程度決まっており，その地方に独特の局地風として名称がつけらてきた．日本の局地強風として有名なおろし風として，愛媛県のやまじ風，岡山県の広戸風，兵庫県の六甲おろし，北海道の日高しも風，羅臼おろし，などがある．また世界的には，アルプスのフェーン，ユーゴスラビアのボラ，北米ロッキー山脈のチノック，などがあげられる．

これらの地形に共通にみられる特徴として，山はある方向に連なった山脈をなしていること，斜面は風上側で緩やかで風下側で急になっていることがあげられる．また風下側に湾や湖が存在している場合も多い．一般に，強風に見舞われるのは山脈風がおきるような斜面から 10 km 程度までの比較的限定された山脈に鞍部などの開けた場所であることが多い．

6. 大気境界層

◆◇ 6.1 大気境界層とは ◇◆

大気の構造を2節で温度によって区分し一番下の層を対流圏とよんだが，気象学ではさらに対流圏を地表面影響の程度によって区分する．摩擦の影響がある領域を大気境界層といい，摩擦の影響が無視できるところを自由大気あるいは自由対流圏と呼ぶ．我々人間を含む全ての生物はほとんどがこの大気境界層の中で生きている．また本書の研究対象になっている山岳域における大気環境科学の観測は，自由対流圏の中で行っているとよく言

われるが，厳密にいえば標高の高い山岳といえども山岳域から数10～100 mは大気境界層の範囲内なのである．かくして本節では，この分野であまり取り上げることの少ない大気境界層について述べる．

◆◇ **6.2 大気境界層の構造と自由大気** ◇◆

大気境界層（図4.5）は，大気の最下層の領域で，地球表面の機械的（つまり摩擦的）および熱的（温度差の日変化）な影響を直接受けていて，層の厚さとして0.5～2 km程度である．地球表面を吹く風は，土壌や植生，構造物や山などさまざまな表面凹凸によってかき乱される．また日射による地球表面の加熱で対流的な混合が発達する．

地面摩擦の影響の程度によって，大気境界層をさらに区分することができる．摩擦が支配的で他の力が無視できる領域を接地境界層（接地層）といい，接地境界層より上の部分で摩擦以外の力も関係してくる領域を外部境界層あるいはエクマン層と呼ぶ．接地境界層は，地面に接する薄い気層のことで（大気境界層の厚さの約10分の1），大気と地面付近の物との間で運動量や熱，水蒸気をやりとりしており，風速，気温，湿度分布などは複雑になる．外部境界層では，摩擦力以外にコリオリ力（地球の自転によって

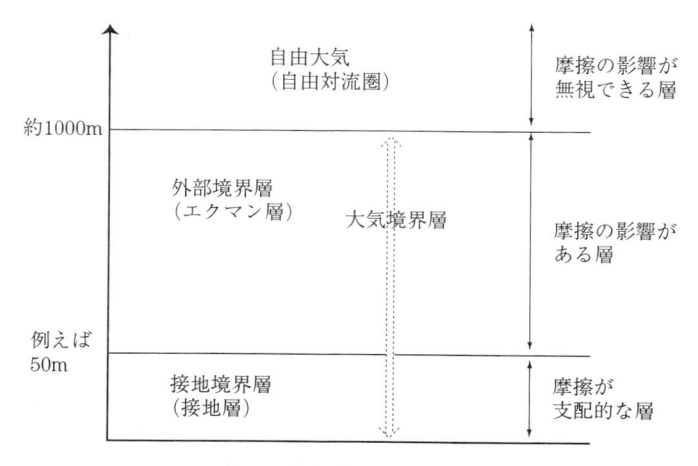

図4.5 大気境界層の模式図
大気を地上摩擦の影響度合いで区分．

風向を変える力．転向力ともいう），気圧傾度力（気圧の高い方から低い方に向かう力）の影響が大きくなり，これらの力がほぼつり合っている．

　対流圏から大気境界層を除いた残りの部分を自由大気といい，ここでは地表面の影響が無視できる．環境大気科学の分野では，自由大気を自由対流圏と呼んでいることが多い．これは対流圏では偏西風があり，大気汚染物質が上空の風にのって輸送されてくるという意味を多分に含んでいるようである．本来，自由大気の"自由"とは，「地上摩擦の影響がない」，「摩擦の束縛から逃れている」という意味である．

　大気境界層は摩擦以外にも，熱的な安定・不安定に分けることができる．日中，大気は日射による加熱で不安定化し，上下の対流混合が盛んとなり風速や温位などは鉛直方向に一様化する．このような層は，しばしば対流境界層と呼ばれる（6.3項）．夜間，下層大気は熱的に安定で混合が弱く地表面付近は微風になり，この層を安定境界層（6.4項）という．

◆◇ 6.3　対流境界層 ◇◆

　日中，地面が日射によって加熱されると，大気境界層は不安定化して対流が発達する．このような層を対流境界層（あるいは不安定境界層）といい，その厚さが1〜2 km位になる．対流境界層が生じるためには，いうまでもなく熱流速（熱フラックス）が地表から大気に向かっていることが必要である．加熱された空気は浮力によって上昇し，境界層全体を満たすほど大きな熱対流を形成する（図4.6）．この上昇する空気を熱気泡（サーマル）あるいは熱噴流（プリューム）と呼んでいる．温位の平均値（図の左側）をみると，対流境界層は3つの気層に分けることができて，下層から地面に接する接地境界層，混合層，移行層である．なお対流境界層の上には自由大気がある．接地境界層は，地面に近づくにつれ温位*が下がり，熱的に不安定な状態になっている．これを接地不安定層という．混合層は，対流によ

＊）温位

　ある空気塊がその周囲と熱を授受することなく変化する過程を断熱過程といい，その過程に沿って空気塊が最終状態（p_0, T_0）に達した場合，気圧 p_0 = 1,000hpaとしたときの温度 T_0 を温位と呼ぶ．

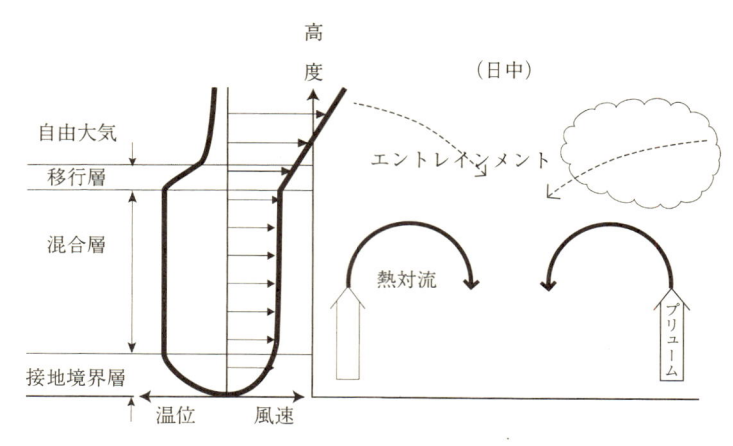

図 4.6　対流境界層の模式図

日中，地面が日射で温められると地表面付近は接地不安定層ができ，境界層内は大きなスケールの熱対流が生成する．

る混合が支配的であり，層全体では温度や水蒸気，大気汚染物質の濃度が一様になる．移行層では，熱対流によって，自由大気からの冷たい空気が巻き込まれるように下りてくる現象（エントレインメント）が生じている．

対流境界層の厚さは，加熱の程度によって変化し時間とともに増加する傾向にある．例えば，日の出頃，雲海が湖面や高原，渓谷に広がっていた場合，日が昇るとともに雲海がだんだんと上昇し消散していく過程は，対流境界層が成長していくことに対応する．

◆◇ **6.4　安定境界層** ◇◆

大気境界層が地面で冷やされると，下の方から安定境界層（あるいは接地逆転層）が発達する．このような現象は通常，夜間に起こるので夜間境界層ともいう．また安定境界層は，温暖な空気が寒冷な地面の上に移流してきた場合にも生じる．

安定境界層における乱れは非常に小さく，さらに浮力は対流境界層と異なり抑制する方向に働く．図 4.7 に安定境界層の模式図を示す．対流境界層は 1 km 程度の厚さに対して，安定境界層は薄く 100 m 程度とみられる．次に目につくのは乱れの大きさである．熱対流の大きさに比べて 1 桁小さい．

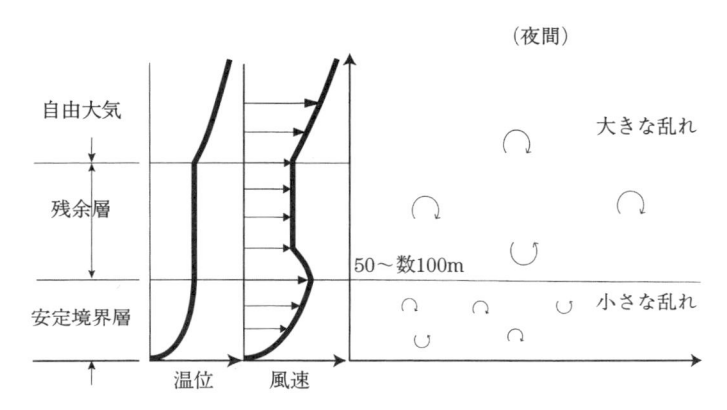

図 4.7　安定境界層の模式図
夜間，地面が放射冷却で冷やされると安定境界層が発達する．乱れの大きさは非常に小さい．

また平均風速の鉛直分布にしばしば極大がみられる．これは低層ジェットと呼ばれ，通常地上から 100〜300 m のところで風速 10〜20 m/s である．夜間に生じることが多いので，夜間境界層ジェットともいわれている．

以上のように述べると，安定境界層の構造についても相当わかっているように思われるが，対流境界層に関する知見に比べてかなり少ない．その理由は，乱れの大きさが 1 桁も小さいため測定が難しいこと，地面の傾斜に対して非常に敏感で，わずかな（例えば 1,000 m で 1 m の）傾斜でも大きな影響がでるからである．一方，境界条件が変化した場合，それに追随するのに相当時間がかかる．境界層の厚さを h，平均的な拡散係数を K とすれば，境界条件の変化に対する応答時間 t は h^2/K の程度である．代表的な値として，$h \sim 100$ m，$K \sim 0.3$ m^2 s^{-1} とすれば，t〜10 時間にもなる．したがって，境界層の分野で用いられる理想化した条件「地上は平坦一様，気層は水平方向に一様で定常」という仮定は，陸上の安定境界層に対してほとんどあてはまらない．

◆◇ **6.5　大気境界層の日変化** ◇◆

大気境界層で重要な特徴は，それが日変化することである（図 4.8）．大気境界層の厚さは，一般に夜間に薄く（約 100 m），日中には 1,000 m 以上に

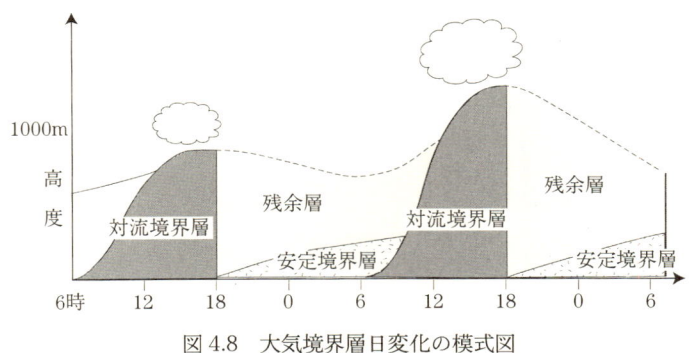

図 4.8 大気境界層日変化の模式図
日中は対流境界層が発達し，夜間は安定境界層の成長がみられる．

もなる．夜間ゆっくり成長してきた安定境界層は，日の出頃から衰弱しはじめる．一方，地表面は日射により加熱されるので，それに接する空気はプリュームとなって，その安定境界層を持ち上げる．11時ごろになると，安定境界層は消滅し熱流束が盛んに活動して，大気境界層全体に広がる熱対流が生じる．大気境界層の高度は昼過ぎまでに1〜2kmの高度に達する．対流境界層の中では，地面が暖められることにより生じる強い鉛直混合が汚染物質などを急速にかつ均一に混合させている．午後遅くなると，熱流束が弱くなり，日の入りごろには急速に衰える．そして再び安定境界層が形成され，ゆっくり発達する．安定境界層では地表面付近は静穏であるが，先ほど説明したように安定境界層の上端付近では風が強くなる場合がある．安定境界層の上には残余層とよばれる層が存在し，それまでの対流境界層における値が保存される．安定境界層では鉛直拡散が小さいので，大気の顕著な冷却は安定境界層内に限られ，対流境界層上層の温位分布は翌朝まであまり変わらない．

7. 高気圧と低気圧

◆◇ 7.1 高気圧・低気圧とは ◇◆

気象学においては，高気圧・低気圧の3つの側面について論じられること

が多い．つまり，(1) 天気予報で報じられるような，雨や風，晴天をもたらす現象，(2) 低緯度から高緯度へ熱を運ぶ大気大循環の役割，(3) 偏西風と併せて気象力学的な側面である．この節では，気象力学的な側面に重点をおいて解説する．

まずはじめに，高気圧・低気圧の「気圧」は何をさすかというと，単位面積で鉛直にとった気柱の空気の重さを意味する．平地においては $1\,\mathrm{m}^2$ あたり $10\,\mathrm{t}$ もの重さがある．次に，周辺の気圧よりも高いところを「高気圧」といい，周辺の気圧よりも低いところを「低気圧」と呼んでいる．ある一定の値，例えば $1{,}000\,\mathrm{hPa}$ 以上を高気圧と呼んでいるわけではない．但し，1気圧の定義は決まっていて，1気圧（標準気圧）$\equiv 760\,\mathrm{mmHg}$（水銀柱の高さが $76\,\mathrm{cm}$）$= 1013.25\,\mathrm{hPa}$ である．

なおこれ以後，北半球の中緯度地帯について話をすすめる．

◆◇ **7.2 高気圧・低気圧と風の循環** ◇◆

高気圧・低気圧循環をあらわした模式図を示す（図 4.9）．低気圧は周囲より気圧が低いため低気圧の周辺から風が吹き込む．地表付近で吹き込んだ風は行き場がないので（これを収束するという）上昇し，上空で流出する（これを発散するという）．地面付近の空気が上昇気流となって空高く上が

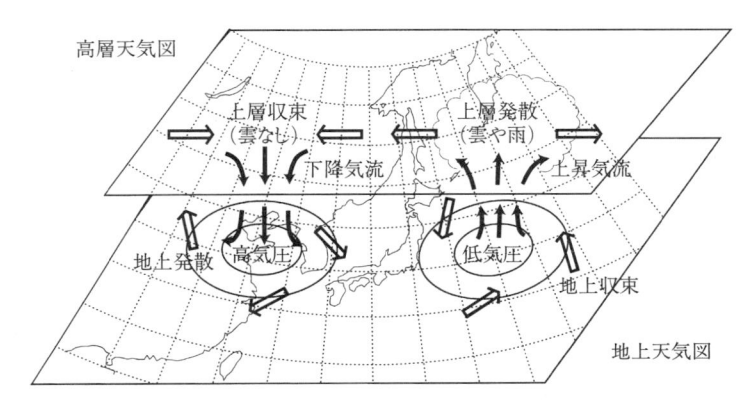

図 4.9 高気圧，低気圧に伴う風の水平循環と鉛直循環
地上の風の循環（流出，流入）と上空の風の循環（流入，流出）が逆に対応していることに注意．

ると，断熱膨張して空気の温度が下がり，その空気が飽和すると雲が発生し，悪天につながる．つまり，「低気圧→上昇気流→悪天」という関係が成り立つ．低気圧内に流れ込む風は，反時計回りの循環をしながら低気圧内に集まる．ここで反時計回り（左回り）の回転を低気圧性回転（あるいは低気圧性循環）と呼ぶ．先ほど，低気圧の上層で発散（空気の流出）が起きていると述べたが，逆に上空から考えれば上層発散があるからこそ，地上収束した空気が上昇気流となって流れ込むし，その上層発散が強くなれば地上の低気圧は発達する．上層発散がだんだん弱くなると地上の低気圧は衰弱することになる．

次に高気圧の場合について考える．これは低気圧と逆のことがあてはまる．高気圧は，周囲より気圧が高いため周囲に風が流出する．地表付近で流出した風は，上層収束した空気が下降してきたものである．下降気流によって上空の冷たい空気が昇温するため，相対湿度が低下することにつながる．そのため，水蒸気が凝結した雲があったとしても，下降気流があると蒸発してしまって雲がなくなるので，高気圧におおわれると晴天になることが多い．つまり，「高気圧→下降気流→晴天」の関係式が成り立つ．高気圧から吹き出す風は，低気圧とは逆に，時計回りの循環をしながら流出する．それで時計回り（右回り）の回転を高気圧性回転（あるいは高気圧性循環）と呼ぶ．上層の収束が強くなると高気圧は発達し，上層の収束が弱くなると高気圧は衰弱するともいえる．なお，上層の発散，収束を決める要因については後述する．

さて，低気圧に流れ込む風について思考実験してみよう．ここでは低気圧内で風が円運動していると想定し，地上付近の摩擦は無視できると仮定する．反時計回りの回転をしながら円運動をくり返す風は，低気圧の中心に向かう力（気圧傾度力）とその反対向きの力（コリオリ力，その大きさは速度に比例）がつり合っている．その状態に摩擦が急に加わると仮定する．すると，摩擦があるため回転速度が遅くなり，コリオリ力が小さくなる．その結果，力のつり合いがくずれて低気圧の中心に向かう力が強くなり，風は反時計周りの回転をしながら徐々に低気圧中心に向かうようになる．

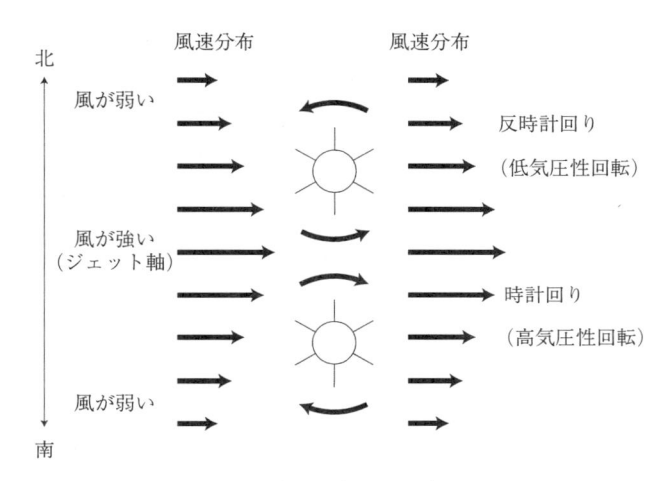

4章　山の大気を理解するための気象学講座　(53)

図 4.10　風速分布中での風車の循環

同様に，高気圧については回転しながら外に向かうことになる．

◆◇ **7.3　風の循環と偏西風**◇◆

　高気圧・低気圧に伴う風の循環と偏西風の関係を述べる．共通な側面として，両者は回転という性質と波という性質をもっている．

　今，ある風速分布の中に風車が置いてある状態を考える（図 4.10）．風速分布は中央で風が最も強く，上下方向に離れるにつれ風速が弱くなっている．風車を風速分布の上半分に置くと，風車の上側部分で風速が弱く風車の下側部分で風速が強いから，この風車は反時計回りすることがわかる．風車を風速分布の下半分に置いた場合，逆に風車の上側部分で風速が強く風車の下側部分で風速が弱いから，この風車は時計回りする．つまりある風速分布の中には，高気圧性回転と低気圧性回転を内在していることになる．それは風車をおいてどちらに回転するかを考えればよい．

　これらを気象学的に考えてみる．図 4.10 の上を北側，下を南側にとり，風の一番強いところが偏西風ジェットの中央部分で，そこから南北方向に離れると風速が弱い場合に対応する．すると，ジェット気流の北側では反時

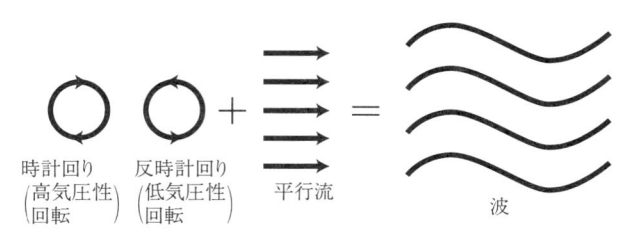

図 4.11 回転と波をあらわす模式図
回転している渦に平行流を足し合わせると波に見える．

計回り（低気圧性回転），ジェット気流の南側では時計回り（高気圧性回転）が支配的になる．

　次に回転の向きが，時計回りの渦と反時計回りの渦が東西に並んでいる場合を考える（図4.11）．これを平行な流れと合成すると，右側の図のように波型になる．すなわち時計回り（高気圧性回転）あるいは反時計回り（低気圧性回転）の渦が，偏西風のように平行流の強い風の中に内在している場合，ジェット気流の流れが波打ってつまり蛇行しているようにみえる．これに反して，地表面付近のように平行な流れが弱い場合，天気図に閉じた等圧線が現れるわけである．

　高気圧・低気圧と平行流を足し合わせると，蛇行して波に見えるということは，気象学的にきわめて重要な特徴である．なぜなら，実に多くの大気現象はさまざまな波の集まりとみることができるし，波とは時間や空間に関して周期性をもつパターンのことで，もしその周期性を把握できれば，天気予報に役立つからである．

◆◇ **7.4　地上天気図と高層天気図** ◇◆

　高気圧や低気圧・前線などの動きとその生成，発達，衰弱は，主として上空の偏西風の強さや蛇行の程度によって左右される．その上空の様子を見ることができるのが高層天気図である．気象庁では，気圧 850，700，500，300 hPa の等圧面上（それぞれ高度は，約 1,500，3,000，5,500，9,000 m）で高層天気図を作っている．700 hPa 面の天気図は，3,000 m 級の山岳

に流れている風や寒さの程度，天気状況のよい指標になる．ここでは高層天気図の特徴を地上天気図に照らし合わせて解説する．

　高層天気図の特徴は，先ほど述べたように ① 等高線が閉じているのではなく波型をしていること，② 偏西風が吹いていること，③ 南北方向の高度差（南の方が北よりも高度が高い）があること，などである．ただし，地上天気図と高層天気図では表現方法が異なる点を注意しておきたい．地上天気図においては，テレビや新聞天気図に示されるように，海面の高さにおける気圧の等値線で気圧の分布を表す．これに対し，高層天気図では，一定の気圧面（例えば500 hPa面）の高さの等値線で気圧の分布を表す．500 hPa面の天気図は波状の等値線が多いのに対し，地上天気図では閉じた等値線が多い．ところで両者はどのような関係で結びつけられているのであろうか．地上天気図から1,000 hPa面の等高度線の分布を求めてみる．例えば1,000 hPaを0 m，1,000 hPaよりも高い部分では1 hPaごとに＋8 m，1,000 hPaよりも低い部分では1 hPaごとに－8 mと見積もり，等圧線を等高線に変換する．次に1,000 hPa面と500 hPa面の高度差を求め，その等値線を引く．その等値線パターンは，700 hPa面の気温の分布とよく似たパターンになる．700 hPaの気温は，1,000 hPa面と500 hPa面の間の平均気温と考えることができるので，地上天気図と500 hPaの気圧分布の違いは，その間の平均気温分布と関係していることがわかる．

　天気図の等高線または等圧線を地形の等高線に見立てて，西風の波動が南北に振動して谷状になった等圧面高度の極小部分を「気圧の谷」とよび，山状になった等圧面高度の極大部分を「気圧の尾根」とよんでいる（口絵4）．気圧の谷の前面にあたるところでは（気圧の谷の東側），南寄りの風が吹き，暖域となって上昇気流が起き，地上の低気圧を発生・発達させたりする．そしてさまざまな雲が発生し，悪天をもたらす．一方，気圧の谷の後面では（気圧の谷の西側），風は北寄りに変わって気温がしだいに下がって寒域となり，下降気流が生じて，地上では高気圧が発生・発達し，天気はしだいに回復して晴れてくる．

　テレビの天気予報で，気圧の谷が近づくと天気が悪くなるとか，上空の

寒気(寒冷渦),例えば上空約 5,000 m に $-36\,°C$ の寒気が流れ込むと北日本で猛吹雪などの解説を聞くことがある.これまでをまとめると次のように説明することができる.

上空の寒冷渦が近づくと,気圧の谷が深まる.気圧の谷の前面では,等高線の間隔は気圧の谷に近い方で狭く,谷から東側に離れるにつれ広くなっている.等高線が徐々に広がっている領域では,空気がよけいに流れ込んでいることを意味し,ここで発散が生じている.このとき地上では,南北の温度傾度が強まり,風が低気圧内に収束する.南からの暖かい風は上昇気流となって温暖前線を発達させ,北からの冷たい風は暖域の下にもぐりこみ急激な上昇気流を生じて寒冷前線を発達させる.以上をまとめると,「気圧の谷の前面(上空)→上層発散→上昇気流→低気圧の発生・発達→悪天」という関係と,「気圧の谷の前面(地上)→南北の温度傾度が増加→暖かい南風・冷たい北風→温暖前線・寒冷前線発達→上昇気流→低気圧発達→悪天」の関係が成り立つ.

気圧の谷の後面では,等高線の間隔が東側に向かって狭まっている.等高線が徐々に狭まっている領域では,空気が流出しているのでここで収束が生じている.このとき地上では,温暖前線や寒冷前線が通過したため,南北の温度傾度が弱まっている.なおかつ,低気圧内に収束した空気を補う風が吹いている.この風は,上空の乾燥した空気が緩やかに下降しつつ南下したものである.乾燥空気が下降すると断熱昇温がおき,高気圧が発達する.以上をまとめると,「気圧の谷の後面(上空)→上層収束→下降気流→高気圧の発達→晴天」の関係と,「気圧の谷の後面(地上)→南北の温度傾度が減少→地上低気圧に収束した空気を補う風→上空の空気が緩やかに下降しつつ南下→断熱昇温→高気圧の発達→晴天」の関係が成り立つ.

◆◇ **7.5 高気圧・低気圧のメカニズム** ◇◆

高・低気圧が日々の天気を支配し,それは上空の風と密接な関係であることがわかった.それでは,高・低気圧のメカニズムは何が本質で,何が二次的原因であろうか.これ以後専門用語がかなりでてくるので,関心のある方以外は読み飛ばされても差し支えない.

温帯の低気圧は，熱帯の低気圧と異なり，大気中の水蒸気がなくても発達する．本質的なことは，(1) 地球が自転していること，(2) 大気が上下および南北方向に密度成層していることである．大気の圧縮性，雲や降水の存在は二次的な原因であり，それらがなくても低気圧は発生する．

地球が自転していることによるメカニズム

大気は上にいくほど気圧が低くなっているので，明らかに密度成層（重い気体は下，軽い気体は上に分布）している．密度成層した流体（この場合は気体）が水平面内を回転していると，回転軸に近いところでは重い気体が，回転軸から離れたところでは軽い気体が偏って分布する性質がある．地球大気の場合，回転軸の近くつまり極側には冷たくて重い空気が集まり，反対に回転軸から離れて低緯度側には暖かくて軽い空気が集まる．同じ密度で比べると，南では高度が低く北では高度が高い．この状態の中で空気の水平面内での南北運動を考える．空気が北にいくと，まわりよりも軽くなるのでますます上昇し，南にいくと，まわりよりも重くなってますます下降する．実は口絵 4 に示した上昇気流，下降気流というのは，傾圧大気の中で空気が南北方向に移動したとき，正あるいは負の浮力を受けた結果である．

図 4.11 に示した円形の渦で，大気運動について思考実験する．まず，(1) 円形渦の上下方向を鉛直方向にとり，大気が鉛直運動する場合を考える．2 つの円形渦は対流セルとみなせて，下層で暖められた軽い空気は上昇し，かつ上層の冷たく重い空気が下降する対流運動となる．次に，(2) 円形渦の上下方向を南北方向（上を高緯度側，下を低緯度側）にとり，水平面内での循環を考える．2 つの円形渦は高気圧・低気圧とみなせて，南の暖かい空気は北上し，かつ北の冷たい空気は南下する．そして (3) 傾圧大気の場合，(1) と (2) の両方の性格をもつことになる．つまり，北側にいくほど高度が上昇し，斜めに傾いた水平面を考える．これは南の暖かい空気は北上しながら上昇し，北の冷たい空気は南下しながら下降することになる．そして低気圧の西側は低温，東側は高温になっている．

大気が密度成層していることによるメカニズム

気温の南北傾度があると，大気は南北方向に密度変化，つまり気圧差を

生じる．気圧差が大きいところでは，風が強く吹き，等圧線に沿って流れる．この (1) 水平面内を (2) 等圧線に沿って吹く風を「地衡風」といい，北半球では風の進行方向に向かって，高圧側を右に見る方向に地衡風が吹く．

大気に上下方向の気温変化があると，風も上下方向に変化する．詳しい説明は専門書に譲るが，鉛直方向に変化している地衡風を，専門用語で「温度風」といい，気温が南北および上下方向に変化していることによって生じる．「温度風平衡」と呼ばれるつりあいが成り立っていると，北にいくほど気温が下がっていれば上空の風は西風になり，逆に北にいくほど気温が高くなれば上空の風は東風になる．

大気の状態はこの温度風平衡から大きくずれないような回復機構が働く．仮に，南北の温度傾度が大きく，西風の鉛直変化が小さい場合を考える．南の暖かい空気が上昇して，北の冷たい空気が下降する循環がつくられる．上層では北向きの風にコリオリ力が働いて，上層の西風が強まる．下層では逆に，南向きの風が偏向して東風（いいかえれば弱い西風）になる．その結果西風の鉛直変化が大きくなり，温度風平衡になる．また仮に，南北の温度傾度が小さく，西風の鉛直変化が大きすぎる場合を考える．上層では強すぎる西風にコリオリ力が働き南向き成分の風がつくられ，下層では弱すぎる西風（いいかえれば東風）が北向き成分の風になる．そして南では下降流となって断熱昇温，北では上昇流となって断熱冷却がおこり，南北の温度傾度が強まって，温度風平衡を回復する．

（直江寛明）

参考文献

浅井冨雄・武田喬男・木村竜治，1981：「大気科学講座2，雲や降水を伴う大気」，東京大学出版会，249pp.
飯田睦治郎，1988：「すぐに役立つ山の天気の見方」，東京新聞出版局，215pp.
飯田睦治郎，1999：「登山者のための最新気象学」，山と渓谷社，318pp.
城所邦夫，1995：「ヤマケイ登山学校14，山の気象学」，山と渓谷社，202pp.
竹内清秀，1997：「気象の教室4，風の気象学」，東京大学出版会，172pp.
廣田　勇，1992：「気象の教室1，グローバル気象学」，東京大学出版会，148pp.
山崎道夫・廣岡俊彦 共編，1993：「気象と環境の科学」，養賢堂発行，321pp.

5章 山岳大気観測よもやま話

　野外観測には，普段と違うドラマがある．限られた時間や研究費，個々の体力と知力をもって自然を直接観測する．時として野外で途方に暮れることもある．野外で観測している各グループでは苦労話に事欠かない．以下のこぼれ話をお読みいただければ，「人がいてこそ」の野外観測状況や現場の雰囲気が伝わってくるだろう．
　第2部での各論と合わせてお読みいただきたい．

〜長田和雄 編〜

1.「シェーファー博士とガードナー・カウンター」

　我々の大気環境科学の研究に，一つのはずみを与えてくれた1970年1月の出来事を紹介しよう．

　北海道大学理学部地球物理学教室が，五大湖の風下に降る「レイクエフェクト・スノー」の共同研究で交流のあった，ニューヨーク州立大学のビンセント・シェーファー博士をニセコのチセハウスの温泉へ招待した時のことである．私はその時のジープの運転とその他諸々の助手役として同行した．シェーファー博士の所望でドライアイスの塊30 kgを載せて三人で吹雪の中を出かけた．途中で何度も車を止めてワイパーにつく氷を取り除いたのを覚えている．当時は除雪もやっとで道は狭くて見通しなどは良くなく，カーブではクラクションを鳴らしっぱなしで，対向車に知らせて祈って走ったのである．おまけに車の性能も今より悪かったので，途中で何度も対車事故を起こしそうになり，はらはらし通しだった．シェーファー博士が大きなジェスチャーで目を覆い，体を反らして回避された姿は，今でも目に浮かぶ．そうこうして，やっと辿り着き，博士は日本式の温泉に浸かって面白がり，日本式の山小屋料理を賞味して，我々と一緒に楽しい時を過ごしたのである．

　翌日は屋外の温泉の湯気の立ち上る雪原で，私は博士の指示でドライアイスを網袋に入れて大きな円を描きながら振りまわし，いわゆる雲の種まき実験を行った．シェーファー博士は風下で顕微鏡のプレパラートにレプリカ液を塗って，これを手に持って腕を下に伸ばして，ブランコのように前後に往復して繰り返し振っていた．こうするとダイヤモンドダストのような小さい雪結晶が効率良くガラス面に採取されるわけだが，博士はレプリカ液が乾き切る時間を心得ていて，その時間だけ振った後，プレパラートを大事そうに試料箱に納めていたのが印象的だった．

　その日の夕食後の団欒で，博士は使い残したドライアイスを持ってきて，その表面にできる霜の先端を指差しながら，ポケットから取り出した櫛をセーターで摩擦して霜の先端に近づけると，霜の先端から白くて細かな破

片が無数に飛び出すのが見られた．博士はこれを霜の形成時の荷電現象として説明され，さらに「ファーシー効果」という耳慣れない用語も説明され，霜の急激な成長により，その先端に水蒸気が集中する流れが起こり，それが空気中に浮遊する目に見えないくらい小さな粒子を霜の表面に取り込むことを説明してくれたのだった．このことは，後に「降雪による大気の浄化作用の研究」に発展する暗示となった．

　実はこの来日で，博士はガードナー・カウンターという測定器を米国から携行しておられ，機会ある度にいたるところで（ニセコの温泉の浴場でも）大気中のエアロゾル数濃度を測定していた．この測定器は，空気中の凝結核を計測するポータブルな装置である．これと同じ原理の測定装置としては，やや大掛かりな固定式のポラック・カウンターという装置があり，それでさえ日本では一台かそこらしかなかった．それに比べるとこのガードナー・カウンターは（図 5.1 に示すように）実に小型軽量でポータブルであり，全て手動で操作ができる測定器だった．部品も自転車の空気入れと自動車のブレーキランプなどで，これに当時としては唯一の先端技術の部品としてフォトダイオードを一個使っただけのものだ．これらは大量に出まわっている部品であり，かつ丈夫で耐久性も良く，しかもコスト安で作れる利点がある．何回使っても故障もなく，しかも気温や気圧の違いの激しい屋外に持ち出して使っても安定して作動す

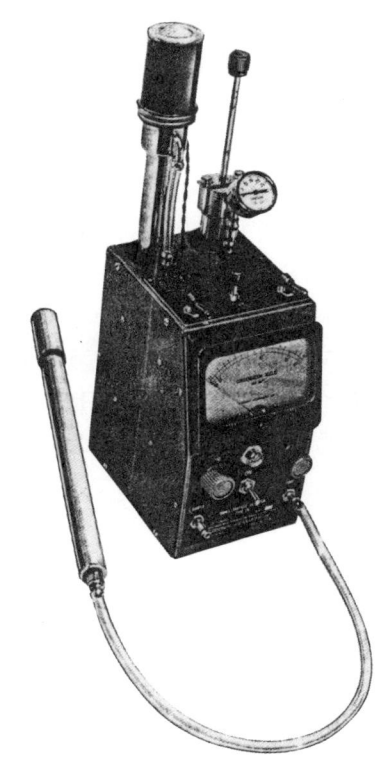

図 5.1　ガードナー・カウンター

るという優れものであった．

　驚いたことに，シェーファー博士はこれを帰国の際に，お礼としてプレゼントしてくれたのだが，この測定器は私に任せられた．操作も簡単で，慣れてくると1分間に2, 3回くらいのピッチで測定することもできた．当時としてはわが国に初めてで唯一のポータブルの測定器だったので，私は得意になって昼夜の札幌市内や郊外を，また大雪のために道路閉鎖しているゲートを越えてジープを運転しながら片手で測定しつづけた．

　その後はカーフェリーやロープウエー，またセスナ機などを利用して，とにかく可能な限りいろいろなところで測定した．6章に紹介する大雪山旭岳における凝結核濃度の高度分布測定では，このガードナー・カウンターが活躍したのである．

（遠藤辰雄）

2．「フィールド研究者の職業病」

　赤城山では24時間徹夜で観測を行っている．夜中に暗闇の中，人っ子一人いない山で観測するというのはなかなか怖い．

　観測地点の周囲は明かりも何もなく真の闇．10 cm目の前に人が立っていてもわからないぐらいの闇である．月が出ている日は明るいが，うっすら照らされた山は昼間より大きく見え，なにやら不気味な威圧感を持ってこっちを睨んでいるかのようにどーんとそびえたっている．遠くに見えるこれまた不気味なオレンジ色がかった大きな入道雲は，たまに雷で光りながらこちらに近づいて来て，周りは木々の葉がこすれる音しかしない静まり返った暗い空間が広がっている．そんな中に自分一人，俗世から取り残されてしまって，山の中にたたずんでいるわけだ．昼間の明るいうちはなんとも思わない山や空，木々は夜になるとその容貌を変え，私の恐怖心を煽る．静寂の中，たまに聞こえてくるのが走り屋の車の音と"キキーッ"というタイヤのきしむ音．人間が近くにいるんだ，という安心感が少し湧く一方で，こっちにやって来てなんか因縁つけられたらやだなあ，という別の恐怖心が湧いてくる．

霧が出ている時はこれまた周りは何も見えない．周囲360度白く深い霧で覆われ，木の葉の音も走り屋の音も聞こえない無音の空間だ．作業用の照明をつけると霧がスクリーンになって背後に全長10 mの自分の影が映り，巨大な妖怪が自分の後ろに憑いているようでこれまた怖い．その恐怖心を紛らわせようと，霧のスクリーンに向かって変なポーズを取ってみたり，影絵遊びをして「きつね」とか「いぬ」「かに」を手で作ったりしてみるのだが，ふと我に返ると自分はこんな夜中に山奥で一人で何をやっているのだろう，と空しくなる．

　このような環境にいると，大自然に対していかに自分が小さな存在かということを思い知らされ，本能的に自然に対する恐怖心が涌き出てくる．太古から受け継がれてきた，自然に対する恐怖心，それを敬う心というのが，都会から一歩出て自然の中にひとり放り込まれるとよみがえってきて，こういう感情はDNAに刻み込まれているのかねえ，とか思いながら，豪雨や雷鳴の轟く中，しこしことサンプリングを行っている．

　大学4年の卒業研究から始まって，私はフィールド研究の世界にちょっと足を踏み入れただけのつもりだったのだが，どうやら普通の人とは異なる感覚を持った「フィールド研究者」という人種になってしまったようだ．それを自覚するのは毎夏の奥日光における集中観測の時である．この観測は，研修でやってくる筑波大の学生が毎年数人手伝ってくれる．フィールド研究の世界に片足突っ込んでしまっている私と彼らとでは，ものの考え方が異なっていることにカルチャーショックを受けることがある．

　例えば，奥日光の観測では高さ約30 mの鉄塔の上で作業がある．鉄塔の上からは30 m下の地面がよく見える．足元の床は金網で作られているので，足元にふと目をやると金網一枚挟んではるか30 m下まで何もない．「もう登れないー」，と手伝いの学生が悲鳴をあげるのを，「はよ，登れ！」と私が心を鬼にして無理矢理登らせる．これも研究のためなのだ．サンプリングのためなら高所恐怖症も何もないやろ！と心の中で彼らにつっこみを入れる．しかし，彼らは任務よりも恐怖感の方が勝つらしく，なかなか登れない．研究者になると，任務を遂行すべくそのような恐怖心を消し去る

物質が体内に分泌されるようになるのだろうか．

　また，日光の観測地にトイレがないことは，彼らにとって衝撃だったようだ．その辺の藪の中で用を足せばいいのだが，これがかなりの抵抗があるらしい．彼らが不平を漏らすも，「そこらへんですませばええやん」と心の中で一喝する．さらに，奥日光には野生のシカが，それはもうたくさんいるのだ．観測をしていても，10 m先にシカが寄ってくる．彼らは「シカだ，シカだ」と感動するが，私はもうイヤというほど見ているので，とくに何も感じなくなっている．馴れというのは非常に怖い．今年は野生のクマを初めて見て，さすがに，おおっ，と思ったが，クマまでも見馴れてしまって何も感じなくなってしまったら命が危険である．

　しかしながら，このような普通の感覚を持っていた筑波大の手伝い連中も，一緒に観測を2週間ばかりすると，鉄塔もするすると登り，トイレも藪の中にがしがし入って行って何事もなかったようにすませ，シカが傍にいても一瞥しただけで通り過ぎるという，なんだか野性味あふれる感じになってくる．鍛えられてたくましくなったのか，それとも常人とは外れた感覚を持つようになってしまったのか．観測補助という研修が彼らにとって果たして良かったのか悪かったのか，なんだか複雑な気分になってしまう．

　どうも，研究の世界にいると，世間一般の人とは違った特殊な環境で仕事をするためか，感覚が普通の人とは異なってしまい，変な『馴れ』が身に付いてしまうようだ．フィールド研究に限って言えば，野性味あふれてワイルドになってしまう，というところだろうか．

　某気象研究所の方が，「カラオケ屋のサーチライトを見てさあ，あれ，新しいレーザーレーダーかと思っちゃった」と言ったのを，「そういう研究者的な発想をしてしまうのはヤバイですよ，職業病ですよ」とその場では非難したが，実は私もそう思ったことがある．研究をしているとこのような人並み外れた感覚を持ってしまうようになるが，普通の生活では味わえない貴重な体験がたくさんできることが，やはり野外調査，山における観測の魅力なんだろうなあ，と思う．

（米倉寛人）

3.「山岳愛好家のボランティア参加」

　山における観測はどこでも多大の労力を要するものだが，日光白根山における観測もその例外ではない．観測サイト付近には電源もなく，食事の支度をしてくれる有人の山小屋もない．観測装置を無電源またはバッテリー駆動にし，食事の準備も全て自分達でしなければならない．幸い白根山には無人ながら立派な避難小屋があるので，夏季1～2週間の我々の観測にはここを利用させて頂いている．しかし食料，水，器材等は全て人力で挙げなければならない．我々の使用するオゾンセンサーはカーバッテリー2個を直列につないで24Vで使用するため，小型の密封型のものを使ってはいるものの，バッテリーだけでも10kg近くになり，食料や身の回りのものを含めると，我々研究者だけではとても上げることができない．

　登山口（約1,700m）から観測サイト（約2,300m）までは，長い山道を3時間は歩かなければならない．重い荷物を背負って歩くのは，とても無理である．しかし幸いなことに，強力な助っ人が現れた．環境に多大な関心を寄せる山岳愛好家の山男，山女の面々である．登る山登る山で出会う立ち枯れた木々に心を痛め，人間活動がその原因だとしたら何とかその進行を阻止しようと，ボランティアの組織「死滅する森林を救うグループ」として，独自の活動を行いつつ，夏季の観測には我々に全面的に協力してくれる．メンバーはいずれも実にユニークな人達で，この人たちと話をしたり，起居をともにしたりしていると，その環境に対する姿勢には感服させられる．ここでは何人かのメンバーを紹介してみたいと思う．

　リーダーのSIは，国際的にも有名な登山家であり，岩登りの専門家としてならした人である．山に関する該博な知識と，現在ご自身で経営している店の自然食品を食料として調達し，観測に参加する人の健康面にも気を使ってくれる．8月の観測に対し，年明け早々から計画を立て始め，5月・6月頃には忙しい家業を犠牲にして，ボランティア側の都合を聞き，参加者の予定を立ててくれる．この人なくしては観測は成り立たないであろう．

　大学山岳部出身のNAは，若さ・体力にものを言わせて，40kgもの荷物

を担いでくれる．それだけ背負っていても，自分の荷物しか背負っていない我々と同じスピードで山を登るのだから，信じられない思いである．観測が始まれば食事当番として若手を指揮し，大事な裏方として，その実力を発揮してくれた．

1997年の観測では大きなアクシデントが舞い込んだ．奥白根山から避難小屋に向かって下山中の女性登山者が斜面で転倒し，足を骨折したとの知らせが，避難小屋に届いたのである．このときのメンバーの行動はさすがにすばらしいものであった．山での遭難者救助の経験も豊富なSIをリーダーとする数人がすぐに現場へ駆けつけ，応急処置をすると，いつもひょうきんな言動でみんなをなごませてくれるYOがこの女性を背負い，避難小屋近くの平坦地まで降ろしたのである．他の数人はザイルで女性やYOを確保し，二次事故が起きないように注意を払った．平坦地まで怪我人を運び降ろした後は，栃木県のヘリコプターが到着し，怪我人を救出していった．このときの一部始終は報道担当のSAがビデオに収めてくれた．このビデオは栃木県で山岳救助のデモンストレーション映像として使われていると聞いている．

観測に協力してくれているのは関東近県の人だけではない．最年少のYAは，岡山県からの参加である．高校を卒業したばかりの年齢の彼であるが，観測期間中何度も山を上り下りして，物資の補給をしたり，やや離れたところにある水場に行って20 l のタンクを何度も運んでくれた．彼の明るさのおかげで，長い山籠もりも苦にならなかった．MUは最初に参加した時はほとんど山登りの経験がなく，環境問題に対する熱意だけだった．若いからと多くの荷物を背負わされ，大変な思いをしたようだった．ところが翌年からは，事前にトレーニングを積み，重い荷物も平気で担いで，皆をあっと言わせた．文化系の大学の出身でありながら，白根山等での活動から向学心に燃え，森林保全などの林学を学ぼうとしている努力家である．

JRの運転士をしているWAは，忙しいスケジュールの合間を縫って，少ない休暇を生かし，荷揚げ，補給などに大活躍してくれる．仕事柄，長期に山に入ることはできないが，豊富な経験を生かした，山での行動には見習

うことが多い．

　この他にも実にバラエティーに富んだ人たちがメンバーとして参加してくれている．とくに女性の方々は，そのスマートな体形からは考えられないほど重い荷物を担ぎ，また食事の時にはおいしいものを作ってくれる．暗い観測現場を華やいだものにしてくれる実にありがたい存在だ．

　1999年の観測では，小屋の近くで白骨死体が発見されるという事件があった．話題に事欠かないのも白根山における観測の特徴かもしれない．小屋の周りでは鹿が走り回り，「あそこで熊に出会った」という人の話も聞いた．年々減っていく健全な樹木のことを思うと心が痛むが，上に述べたようないろいろな人との出会いや，さまざまな事件のおかげで，つらい観測も続けてこられたような気がする．

（畠山史郎）

4．「八方逸話ダイジェスト」

－身近な冬山－

　八方尾根は誰でも簡単に登れる．それは，リフトが通年運行しているからである．しかし，標高1,850 mの観測地点の冬は冬山そのものである（といっても私は冬山登山の経験はなく，想像に過ぎないが…）．

　最終リフトから観測地点の国設八方尾根酸性雨測定所局舎まではわずか100 m足らずの距離である．ところがである．なんと，リフトを降りてから1時間たっても局舎までたどり着けないことがあった．それは12月，前夜からの大雪で八方尾根は真っ白，スコップを持ち局舎へと向かった．12月の雪は始末が悪い．締まっていないため，ズブズブと腰まで埋まってしまう．掘っても掘っても降り続く新雪で道は開けず，わずか1 m進むのに5分もかかる．交代しながら必死に雪を掘る．だが局舎は一向に近づかない．結局その日は諦めて長野へ戻った．

－山荘で船酔い－

　短期精密調査の期間中は八方池山荘に泊まり込み，日に何度も局舎との間を往復する．しかし，強風が荒れ狂うときは，じっと天候の回復を待つ

のみである．積雪があると，こんな時は天候がわからない．雪が降っているのか，巻き上げているだけなのか，上空が晴れているのか曇っているのか全くわからない．

これも12月の話だが，その日の夕方は20 m/s以上の強風で外に出られなかった．夜になって風はますます強くなった．強風は何度か経験しているが，この時の風が一番強かった．布団にもぐり込んでいると建物が揺れるのがわかる．大型のフェリーに乗っているようだ．山荘は鉄骨造りだから飛ばされることはないだろうが，船酔いになりそうな一夜であった．

－強烈な Acid Rain －

八方尾根は降水量が平地に較べて多いこともあり，酸性物質沈着量が多い．長距離輸送の影響もあり，時としてかなりpHの低い降水が観測されることもある．

それにしてもこのpHは…3.8は非常事態だ！たまたま測っていた Fe, Al も一桁高い．八方尾根だけがスポットライトをあびたように SO_4^{2-} が降り注ぐのはなぜか？

新発見かと思いきや，ろ過式採取器のフィルターホルダーの材質を調べると，なんとポリスルホン樹脂製である．優れた機械的強度と耐熱性を有し…云々．ポリスルホンとはスルホン結合（$-SO_2-$）を持つ重合体の総称，山の強い紫外線と豊富な O_3 のおかげで SO_4^{2-} に変身したらしい．下界で使うろ過式採取器は，ポリエチレンロートとガラスろ過器製であるが，風が強く雨量の多い八方尾根では同じものは使えない．そこで改良を加えたつもりが実は改悪であった．ガラスに替えて一件落着．

教訓
① 酸性雨調査には材質に硫黄を含むものは使わないこと．
② 室内で使う器具には，O_3 と紫外線に弱いものがあり，野外調査では注意が必要である．

（鹿角孝男）

5.「夜のお仕事」

　立山・室堂平（標高 2,450 m）で，初春に 6 m を越える竪穴を掘っている（カバー（裏））．積雪の試料を採取するためだが，この雪掘仕事は決して楽ちんではない．天気が良いときの冬山は格別に美しい．しかし，好天は丸1日続くかどうか‥‥室堂平での作業は，20 t あるいはそれ以上の雪を掘り上げることになり，毎回天気と時間との戦いだ．

　最初の 2 m 強は，雪も柔らかく，スコップでサクサク切れる．掘った雪を穴から持ち上げるのも簡単だ．観察面の横幅が 3 m で 6 m 深用の穴を掘ろうとすると，途中の階段や作業スペースを考えると奥行きも 6 m 程度必要になる．これで最初の1段目を掘り下げて整形するのに，4～5人で2時間弱である．観測・測定・採取にやはり2時間弱であろうか．と，ここまでで4時間弱．朝8時に始めたら，ちょうどお昼ご飯である．

　次の段（4 m 強）までは，雪が堅くなり始めて，しかも雪面までホオリ投げる限界に近づく．だいたい2段目を掘り下げるには，雪質にもよるがおおよそ3時間くらい．「やれやれ」，といってお茶を飲んでから 2 m 分の観測などの作業で2時間．と，ここで晩御飯の時間になってしまう．飯も喰わずに頑張れば終わるかというと，既に「へとへと」で，とてもじゃない．作業する学生の目も訴えている．やはりここは太っ腹に飯でも喰って元気を出そう．天気予報も気になるし．

　と，いうわけで食事である．とにかく腹が減っているのでひたすらに喰う．気温は -10 ℃でも汗をびっしょりかき，のども渇いていて，お茶をがぶ飲みする．その最中，天気予報が始まる．「移動性高気圧は日本列島から離れ，西から気圧の谷が近づいてきます」

　みな無言である．予想してわかっているにも関わらず，やっぱり来てしまうのだ．

　「また，夜ですね」

　かくして夜のお仕事へと突入する．一息入れてから作業を再開するので，あちこち筋肉が突っ張ったような感じがする．4 m も雪が積もったその下の

雪は，むちゃむちゃに堅い．剣先スコップに飛び乗ってもほんの先っちょしか刺さらない．なんとかスコップで 30 cm くらい掘ってからノコギリに頑張ってもらう．腕の力で切ろうとすると息ばかり切れて，ちっとも雪が切れない．「腰がはいってないぞー」と，まったく体育会系ののりである．サイコロ状に切っていくのだが，相手が堅いのでノコギリを折らないように注意しながら，しかもブロックを抜きやすいようにハの字に切り込みを入れていく．切り込みを入れたところで，スコップで下をバコッと抜いて，手渡しで雪ブロックを上にあげ，排雪する．30 cm 角のブロックなら，雪の密度が 0.4 として 11 kg くらい．うっかりバラバラなくず雪を作ってしまうと，スコップで上にホオリ投げるわけにもいかないし，雪温が低くて雪だるまにもならないので，土嚢袋で排雪する．こんな案配で掘っていくので，3段目の4〜6 m には 3 時間くらいかかるときもある．やっと地面（室堂平では草）が見えてくると，一同大喜び．しかし，ここからがもうひと苦労である．一汗も二汗もかいた後だから，穴の底でじっと指先の作業をすると，寒くなってしまう．サンプリングに先立つ積雪の層位観察や雪温測定，密度測定が終わってから，我々の化学分析用のサンプリングや東工大・幸島研究室の微生物用サンプリングも行う（図 5.2）．

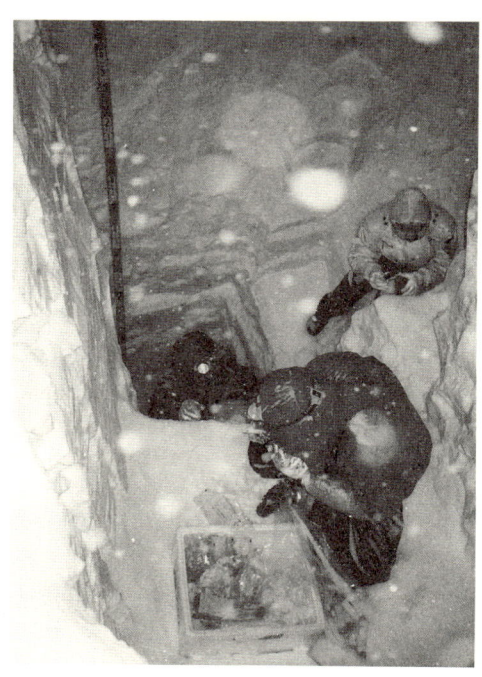

図 5.2　立山・室堂平での夜の微生物用サンプリング（1998 年 3 月 21 日）

　5 人の手掘りで，朝から

頑張っても作業の終了は午前0時をまわることもある．そしてさらに，この穴を埋めなくてはいけないのだ．そのままにしておくと，一般の登山者にとって（冬季は滅多にいないはずだが）危険である．また，雪面に積み上げた雪ブロックは，周囲の堆積環境を変えてしまうので，次回の（翌月の）サンプリングにも影響する．最後の気力を振り絞ってブロックを穴に落とし，なめらかなすり鉢にする（当然だが埋め戻した体積は，元通りにはならない：積雪，面に帰らず）．

こうして，10 kgちょいのサンプルをザックに入れて，帰路に着くのであった．日程に余裕を持っているつもりでも，天気次第で「夜のお仕事」になってしまう．夜の作業では日射の影響で雪が融けることもないし，月明かりでもあれば，雪月花ならぬ雪月穴でいい絵になるのだが協力者には不評である．

（長田和雄）

6．「悲惨な青春？」

この私が冬の立山に入ることになるとは考えたこともなかった．学部の学生時代に夏の立山を縦走したことがあるだけで山とは無縁だった私は，最近，厳冬期の立山で雪や大気の観測を行っている．ここでは，観測の様子や楽しみなどを紹介したい．

立山での積雪観測に参加している人のほとんどは「山屋」である．山屋の冬山装備のすばらしさとこだわりには驚かされる．作業の合間や天気が悪くて作業ができない時には，各人の装備自慢が始まる．冬山装備は，なんといっても防寒に優れており，軽くて水（雪，雨，汗）に強いことが要求される．手袋だけでも，起毛軍手がいいとか，シルクがいいとか，XXの上にゴム手袋がいいなど，各人，今までの経験から得た知恵とこだわりがいっぱいである．

私自身が発見・学習したことは「首に隙間があいていると寒い」ということである．私の首周り寒さ対策は，襟から少しタオルをはみ出すような感じで隙間なくタオルを首に巻き付けるだけであるが，たったこれだけの

工夫でも「寒いなぁ～」と感じるまでの時間が大幅に長くなった．暖かさを考えるとタオルよりもマフラーの方がよさそうであるが，マフラーだと汗（時には鼻水？）が拭けないので，タオルを愛用している．

　吹雪の時は，ぴしぴしと張り手をされているように雪が顔にぶちあたってきて，顔中痛くなり悲しい気分になる．夜にはたとえ宿からほんの数 m しか離れていない所でも，自分の足跡が地吹雪で消えてしまうと，この世の中には自分一人しかいないのではないかという妙な気分になってくる．

　宿の人に「かわいそうな青春だねぇ」と言われたことがある．その人は寒いところより暖かいところが好きだといっていた．でも，天気がいいと星を眺め，降雪中は雪の結晶を見て，吹雪に立ち向かっていく時はちょっとした冒険をしている気になるという楽しみや幸福感もあり，冬の立山観測はすてきな青春の過ごし方だと自分では思っている．

（木戸瑞佳）

7．「普段もぼーっとしてる二人の富士山頂での話 －伊倉の親父さん」

　晴れ渡った富士山頂で，観測の合間に，高山病から回復して間延びしながら会話する二人

A「ほら，見ろよ！」
B「何すか？」
A「あのブルドーザーだよ！」
B「ブルが走ってるんすか！すごいとこ走るんすね．この斜面を上がってくるんすか?!」
A「そうだ．あのブルがなかったら，今度の観測もできないわけだからな．いつも世話になってんだ．富士山測候所の資材もあのブルで夏の間に荷揚げしておくんだ．戦車と変わらないからな．悪路でも大丈夫なんだよ．」
B「運転しているのは，どんな人なんすか？」
A「伊倉の親父さんといって，ブルの組合があって，そこの大将さ．もともと，富士山では馬方と呼ばれる人たちの親方だよ．昔は馬を使ったりして荷を揚げていた

らしいんだが，何でも，レーダー建設のころに親方の一人がブルドーザーを使ってみたらどうかと思いついたそうだ．それで，案外上手くいったので，いまでも使われているのさ．たいした親父だよ．なんせ，富士山に命張ってるからな．」
B「こんな傾斜のきつい狭い道を上がってくるのだから，すごいテクニックですね．」
A「そうさ．今だって，東大の電波望遠鏡の場所から上がってきて，ここらで回転するはずだよ．ほら．」
B「えっ！危ないんじゃないですか．落ちないすか．」
A「まあ，見てろって．信じられないから．…」
B「ええっ！あー！えー！………（はらはらして緊張のあまり声が出なくなる）………おおー!!（興奮して）あんなところで回れるんすね！後ろ，見えるんすか？（声が上ずる）」
A「な，すごいだろ！勘もすごいけど，道をよく知ってんだよ．ブルの大きさも体でわかってんだろうな．信じられないよな．（やっぱり興奮する）神業だよな！」

　ずっとブルの来るのを眺めていると，ややしてブルが目の前で止まる．いつもの格好で思ったより小柄な親父さんがあらわれて，なんと帽子をとって挨拶してくれる．
AとB相当あわてて，「こんちはす!!」
A「おい，（興奮して）親父さんがわざわざ止まってあいさつしてくれただろ．」
B「あー．（やっぱり興奮して）顔を覚えてもらったんじゃないすか．一人前すね．」
A「おお，親父さんにあいさつしてもらったからな．あれで，もう喜寿って話だぜ．すごいよな．『富士山頂』というレーダー建設の映画が石原裕次郎が主役であったそうだが，そん中で勝新が荷揚げの親方役で出てくるんだ．そのモデルが伊倉の親父さんだそうだ．あそこのレーダー建設功労者の顕彰板にも伊倉範夫って名前が載ってるだろ．」
B「すごい人なんすね．（目をぱちくりして）驚いたす．（興奮さめやらず）ほんとに80近いんすかー?!信じられないよなー．すげーなー．」

　　　　　　　　　　　　　　　　　　　　　　　　　　　　　　　　　おわり
　　　　　　　　　　　　　　　　　　　　　　　　　　　　　　　（五十嵐康人）

8.「富士山レーダー最後の日」

－平成11年11月1日,富士山レーダー最後の日－

　その日は発達中の低気圧の影響で大荒れの日となった．南風が強まり瞬間風速が最大46.1 m/s（11月としては歴代4位）に達し,気温も11月として歴代3位の+3.8℃にまで上昇,雪ではなくこの時期としては珍しくまとまった雨（2章b.のように,山頂では風が強いため降水量の観測は行っていない．飲料水等に利用するための採水タンクの貯水量変化が降水量を知る多少の目安になる）となった．数日前の落雷により風向風速計が故障し,感部を交換したばかりである．詳細な故障原因究明作業も済んでいないところにまた壊れられたらと不安になる．しかし,当然外には出られない．出たらどこかに吹き飛ばされてしまう．

　富士山レーダーは1964年10月に運用を開始して以来,35年にわたり観測を続けてきた．この間,南方から来襲する台風の監視を中心に,大気を見つめる重要な目としての機能を果たし,今回長野県の車山と静岡県の牧之原に役割が引き継がれることとなった．この日は富士山レーダー運用終了の日であると同時に,長野・静岡レーダーの正式運用開始の日となる．

　レーダー運用終了をしんみりと迎えるはずだった勤務者5名は,実はその頃それどころではない事件に巻き込まれていた．2日前には「山頂の山小屋が営業していると思った」といってライトも持たずに午後から登ってきた無謀登山者が,携帯電話で110番し,測候所に救助依頼がきたため,噴火口周囲の2時間にわたる夜間捜索と救助．次の日にその登山者は無事下山していったが,すれ違いで登ってきたスノーボーダーが滑る間もなく深さ約200mの噴火口内へ滑落,職員による半日がかりの大救出劇となった．静岡県警の山岳救助隊が悪天で登ってこられないため,全身打撲で肩と腰を骨折した無謀なボーダーと同伴者2名と一緒に,ひどく消耗した職員5名はこの記念すべき日を迎えたのである．

　打ち合わせ用無線電話から東京の式典の様子が実況中継される．しかし,スピーカーからの声は誰がなにをしゃべっているのかよく聞き取れない．

ときおり拍手だけが大きく響いてくる．そのうち117番の時報が聞こえてきて運用終了の10時のカウントダウンが始まった．ポッポッピーン．大きな拍手．かくして富士山レーダーはその長い歴史に幕を閉じたのである．

(高橋　宙)

9.「霧も積もれば重労働」

－中国山地沿いの霧観測－

　霧に関する化学的性質を明らかにする我々の観測は，国立環境研究所との共同研究に始まる．観測は通常2泊3日程度で気圧配置等から見当をつけ，ホテルに宿泊して，夜，市内を見て回ったりしながら実施した．1987年には，薄い霧しか出現せず，つくばからわざわざ来ていただいた国立環境研究所の方々に恐縮した．出現予測を誤ったのである．次回からは，幸いにも県の林業試験場の宿泊施設の利用ができるようになり，また，試験場内に霧調査機器の設置の許可も得られ観測はしやすくなった．しかし，三次の霧は粒径が小さく，化学成分を分析するだけの霧を集めることは難しかった．

　中国山地の霧は，秋～初春にかけて多く，しかも深夜に発生する．深夜人里離れた真っ暗なところを，懐中電灯を持参し，機器の設置してあるところに1時間ごとに見回り回収する．霧が十分発生してくると，外灯もぼんやりと霞んでくる．また，しっとりとした空気になったことで，霧が出てきたなと肌でも感じられる．1990年には，当時の所長（木原）が研究費を調達してくれ，霧水自動分析装置，霧採取機，霧粒撮影装置，霧センサーの試作をすることができた．霧水自動分析装置は，pH，ECを自動分析する堀場製作所の永井を中心にしたグループが作製した．自動霧粒撮影装置は気象研究所の松尾の助言を受けながら試作した．おかげで，20時頃からずっと起きている必要がなくなり，深夜の観測は随分楽になった．とくに霧粒自動撮影装置は，設定によっては1カ月機器を置いたままでもよく，肉体労働は軽減された．問題は機器の大きさと重量で，改良するたびに重量が増え，機器を移動・設置するのに大変な重労働になってきた．

さて，霧観測は夜間の調査であるため，設置後は少しゆっくりできる．県林業試験場の方々にお世話になり，夕食をしながら外を見ていると，次第に外灯がぼんやりしてきて「霧が出てきたぞー」ということになる．これがだいたい22時頃．そして，0時になると機器がちゃんと作動していることを確認して2班に分かれる．1班は観測続行，もう1班は3時間程度の仮眠を取り，途中交代するという手順で調査をしていった．

我々が機器の開発をした時，堀場製作所の永井をはじめとする開発チームは，機器の故障のたびに，他の仕事に支障がないように，土曜日・日曜日をかけて高速道路を走り駆けつけてくれた．残念ながら商品化に至らなかったけれども，分析技術は別な分野で花開くことであろう．

（大原真由美）

10.「ある日の富士山太郎坊観測日記より」

富士山の夏の観測では，ブルドーザ基地のある太郎坊避難小屋で観測をかねて山頂観測のサポートを行うのが恒例になっている．1998年の夏，エアロゾル観測の合間に，ブル基地のまかないのアルバイトの岩崎 洋氏と話す機会があった．彼は日本ヒマラヤ協会に属する，8,000 m級高山の登はん経験豊かな登山家で，秋の登山に備えて夏は富士山測候所のアルバイトをやっている．「国家が登山家を支援してくれる国と違って，我々は自分で稼いで登るのですから」と，色々な苦労話を聞かせてもらった．

話の中で，素人でも安全な高所適応の方法を教わった．まず3,000 mに適応するには3,200 m程度にのぼり，3,000 mに降りて1泊する．次に3,700 mまで登って3,500 mに降り1泊，これを繰り返せば無理なく適応できるそうである．

観測の話をするうちに「サンプルをとってきてあげましょう」ということになった．8,000 m級の山地では，当然のことながら低地での常識は通じない．きれいな雪のサンプルがほしいのでプラスチック手袋をはいてサンプルを取れるでしょうか，などとお願いするとやさしく我慢強い岩崎さんがちょっと困った顔をする．「手袋を脱ぐのは無理です．」手袋を脱ぐだけ

で凍傷になってしまい，即，命にかかわる世界を思い知る．プラスチック容器もしっかりしたものでないと，0.3気圧程度の大気圧でサンプルを入れて蓋をしたものが平地の1気圧になるとへこんで壊れてしまう恐れもある．いろいろ話した結果，とりあえず50 ml の高密度プラスチック容器に詰め込めるだけ雪を詰め込んでいただくことにした．このようにした貴重なサンプルが後日，農工大に送られてきた（結果の一部は10章b）．1999年には富士山測候所の西島 昇氏もマナスル登山に同じ容器を持参し，試料採取に協力していただけた．

　登山家が環境に関心を持ち研究者と協力しようという話題は他にもある．1993年の大気環境学会（旧大気汚染学会）で森 邦広，千恵子夫妻が谷川岳の積雪のpHに関する発表を行った．そのとき座長をつとめた土器屋は，おそろいの登山スタイルでOHP交換の援助をした知恵子夫人と講演者の邦広氏に，普通の学会とは違った新鮮な驚きを感じたことを憶えている．当時，山岳の大気化学観測の発表はほとんどなく，珍しいサンプルとして注目を集めた．以来，彼らは新潟県衛生公害研究所との共同研究などで，サンプルを採りつづけている．

　こんなことを考えていたら，山頂から連絡が入った．交信は携帯電話で行うが，太郎坊は松林の中にあるので大気の状態が悪いとつながらない．うまくつながって山頂の声を聞くとほっとする．「装置はちゃんと動いていますが，みんな食欲が無いです．」午後に御殿場へ降りるついでに新鮮な果物でも手に入れてこよう．超人的苦労で観測を続けた先人に叱られるかもしれないが，「食べること」は山の観測の中で唯一の楽しみであり，よいデータは観測者のよい健康状態なしには得られないことは，ここ数年の経験で肝に銘じている．

（土器屋由紀子・林　和彦）

11．「酸性霧は人間関係にも悪影響！？
　　 －北アルプス南部・乗鞍岳での観測－」

　乗鞍岳は，北アルプスの南端に位置し，その稜線が長野県と岐阜県の境界にもなっている山である．図5.3は，長野県側の山麓にある乗鞍高原から撮影した山容である．山系を成す剣ケ峰（けんがみね）・摩利支天岳（まりしてん）・富士見岳などが馬に乗る鞍のように並んで見える．そのことが，これらの総称である乗鞍岳という名の由来である．乗鞍岳は，国内では十数座しかない3,000 m級の山の一つであるが，山頂にほど近い畳平（たたみだいら）（標高約2,700 m）まで乗鞍スカイライン自動車道が整備されているおかげで，バスや車を降りてから1時間とかからず山頂に到達することができる．そのため，もはや登山ではなく散策という感覚で訪ねる人も多い．その道すがら，ハイマツが生い茂る中に，高山植物がひっそりと花を咲かせているのを見つけることがある．また，運が良ければ，雷鳥がヒナを連れて登山道に姿を見せる光景に出くわすこともある．

　この山の一角で酸性霧の観測調査をしているのが，筆者らのグループで

図5.3　乗鞍岳

ある．

　畳平から登山道を歩き，肩の小屋を過ぎると道は二手に分かれる．左へ行けば山頂に通ずるのであるが，曲がらずに進んでしまう人も多い．その時，目の前にあらわれるのが東京大学宇宙線研究所の乗鞍観測所であり，我々の観測拠点である．観測所の看板は立っているが，それを見過ごす人は意外に多く，天気が良いと観測の準備作業中に道案内が仕事になってしまうこともある．中には登山道を尋ねるだけでなく，こんな所で何の作業をしているのか，と興味津々の人もあり，それはそれで楽しいものである．

　さて，我々が対象としているのは，酸性霧と，それが形成される大気の環境である．したがって，待てど暮らせど霧が出ない日が続くよりは，霧がずっと出ていてくれる方が，よほど仕事になる．しかし，「過ぎたるは，なお及ばざるが如し」．霧が出ていても，却ってそれに悩まされることもある．そうした状況での人間模様を二つ紹介しよう．

　1991年8月のこと，我々乗鞍ギャングの一団は，これから始まる観測に期待と不安を抱えながら車を走らせていた．この日，乗鞍スカイラインの入口に着いたのは午後7時のことであった．スカイラインの夜間閉鎖は午後8時，まだまだ余裕がある…と思っていたら，なんと，ゲートが閉められようとしているではないか！

　驚いて尋ねると，今日は霧が濃くなってきたので，閉鎖を1時間早めます，とのこと．そんな，せっかくここまで登って来たのに，また高山まで引き返すのか…と途方に暮れる中で，機転を利かせたのがO先生であった．

　「今日中に，観測所まで持って行かねばならない機材があるんです．何とか通してもらえませんか」それ以上のことは私の耳に入らなかったが，口のうまい先生のこと，何だかんだで，どうやら交渉が成立したようである．しかし，もちろん霧は濃くなる一方である．本当に観測所までたどり着けるのだろうか，まさか途中で引き返すようなことには…と不安は募る．そんなナビゲータの心配をよそに，O先生は車を走らせる．そうだ，出口までの距離を運転手に伝えて，気分を紛らわそう，と私は思いついた．1kmごとに，その標識は立てられている．「あと○kmです！」…運転手が復唱

する．「はい，あと○km」…ところが，台詞はそれだけで終わらない．「こういうときこそ沈着冷静」…およそ，O先生が不安がって声が上ずるような場面には出会ったことがないが，私が声をかけるたびに，同じ返事しかしなかったのは，果たして何が原因であろうか．そのようなO先生は，素面ではその時しか見たことがない．

　1992年8月のこと，いつもと違って今回はすんなり入山でき，初日は日中が晴れ，夕方から霧という絶好の状況が用意されていた．ただ，フィリピンの東にある台風10号の動きだけが気がかりであった．そういう不安は的中する．ご存じの方も多いと思うが，高い山では台風の影響がかなり早くからあらわれる．この時も，風は初日から強く，2日目には時々雨も降っていたが，まだ何とか観測にはなっていた．ところが3日目も午後に入ると，風雨が強まり，だんだん状況は厳しくなってくる．ついには時間降水量にして200 mmに相当する雨まで体験してしまった．

　しかも，運が悪いことに観測所の宿泊施設に余裕がなく，下山予定だったTe先生，Ta先生も小屋住まいと相成った．ところが，翌日も外は大荒れである．両先生は帰るに帰れない．居残り組も，とても観測どころではない．小さな炬燵に4人が仕方なく集まって，よもやま話を延々と続けることになってしまった．

　問題は夜である．標高2,800 mと下界とでは20℃近い気温差があり，8月でもかなり寒く感ずる．ところが，小屋に用意してあったのは炬燵や座布団だけであった．炬燵の周りに4人が放射状に寝ることになれば，お互いが布団を引っ張り合うこと必定である．初めのうちこそ遠慮の意識があったものの，だんだん寝入ってくると，力の強い者が布団をより引き寄せてしまう．どうやら私が，その勝者だったらしく，昨夜は寒かった，という意外な（？）声を聞かされた．

（皆巳幸也）

****

第2部　各山岳大気観測

****

6章　北海道の山

1．北海道大学理学部　手稲山観測室

　北海道の山岳における大気環境科学の研究は，北海道大学理学部地球物理学教室が創設し維持してきた手稲山山頂の雲物理観測所における研究がある．そこでは，「雪は天から送られた手紙である」の検証観測として，低温実験室内で得られた中谷ダイヤグラムと自然現象との対比をするために雪結晶の観測を山頂，中腹，山麓で行った．また，過冷却の雲粒の付着凍結現象に伴う電荷発生を観測して，雲内における霰(あられ)の電荷の研究も行われた．このもととなる雲粒子（微水滴）がもつ電荷の測定も行われた（Magono and Kikuchi, 1961）．また山岳では風が強く，地吹雪が長時間継続するので，地吹雪の荷電現象の観測も行われ，氷の摩擦電荷の基礎実験と比較された．また晴れた日には山頂から石狩湾全貌が見渡せるので，当時やっと開始された気象レーダや人工衛星からの雲写真などと比較して，石狩湾に侵入する降雪雲の側面からみた振舞を捉えるために16 mmの映画撮影も行われた．

　その後，手稲山山頂では多くの民間テレビ局アンテナが乱立し，完全なパノラマ視界は得られ難くなった．後から参入してくるテレビ局のアンテナ保守は無人化されていたので，当初は非常時に備えて交替で常駐していた北海道放送局もやがて，無人化になり，加えて観光用のロープウエイも

できて，雪上車の往来は緊急時のみの不定期になったので，便乗輸送が難しくなってしまった．またアンテナからのコロナ放電が危惧されて，大気電気的な観測はやらなくなり，大気環境学的な観測だけが残された有望な研究テーマとなり，後述の降雪によるエアロゾル除去効果の研究がなされたわけである．

2．ガードナー・カウンターによる山岳における観測

5章1節で紹介したガードナー・カウンターを用いて，大雪山旭岳の斜面に沿って登山・山スキーで観測した例を紹介する．これは1974年3月27日の朝から一日の仕事で，私と当時大学院学生だった坂本和洋と佐々木 浩の合計3名が旭岳で大気中凝結核の高度分布の測定を試みたものである．

ガードナーカウンターは重さ15 kgであり，25×30×60 cmの大きさであるので，1人のリュックに入れて担いでも，楽しみながらスキーができる限界である．したがって，これを私が背負い，他の2人には高度計・野帖・食料・魔法瓶のお茶・非常道具や衣類を背負ってもらい，1日がかりで山岳斜面に沿った凝結核濃度の高度分布の観測を行った．まずロープウエイを利用して終点の姿見駅まで行き，そこからゲレンデスキーを引きずり徒歩で一気に山頂（海抜2,290 m）まで登り上げた．そこからスキーを履いて下りながら，ほぼ100 m降りるたびに荷を解いて，空気の採取，計測，記録を繰り返し，観測開始と終了の時間差が長くならないようにして，日変化などが余り入らないように心掛けた．山頂付近の登山道はコースが狭く限られていて尾根伝いの道のためにウインドクラストしており，初めは横滑りで降りることで精一杯であった．このコースの観測を急いだ理由は装置があまり冷えないうちに測定してしまおうと考えたからである．しかし，風が強くてカウンターが冷え切ってしまい，動作が少々元気のない状態であった．森林限界から下では沢沿いの谷でもあり，深い原生林の中の開地を選んで観測した．風は弱く空気が静穏であった．

この結果を図6.1に示す．風の強い山頂近くと樹林帯の値を見ると大きく濃度が異なることが分かる．つまり，この場合は山頂近くで凝結核の濃度

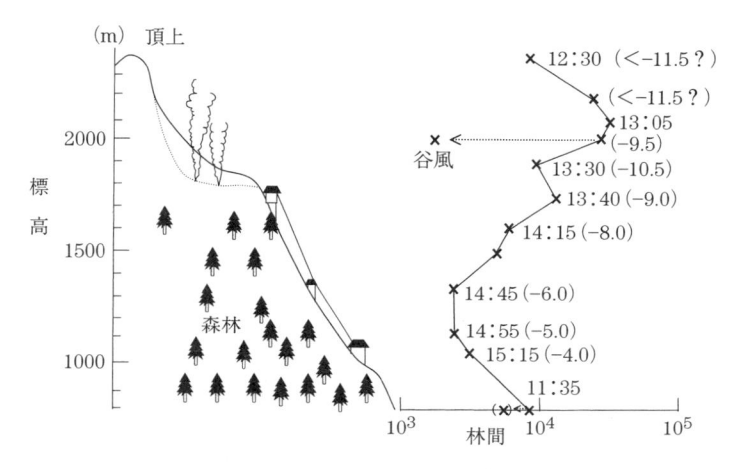

図 6.1　大雪山旭岳の斜面に沿った凝結核の鉛直濃度（個数/cc）分布
×印の右は観測時刻とかっこ内は気温℃

が高く，その濃度は都市の郊外の値に相当するが，それより下の樹林帯では凝結核濃度が低く，それは人為的汚染の少ない山岳や海洋の値に相当する．この観測高度範囲の上部では風も強く，その日に下界で発生した人為起源の汚染大気が上層風で運ばれるか，あるいは斜面に沿って滑昇して運ばれてきたのに対して，樹林帯の空気は摩擦で動きが遅く，森林の中に長い時間滞留していた空気塊と考えられ，発生源からの新たな供給も少なく減少効果だけが卓越して空気が清浄化されていると考えられる．

　大気エアロゾル濃度は日々刻々と変化するので，ここで得られた結果はある瞬間の高度分布を示すというよりも，個々の山岳斜面に固有の地理的・気候的条件の特徴に強く依存するものと考えられる．しかもその時々の移流や発生源の関係に強く依存するから再現性が良い結果は期待できない．とはいっても，凝結核の測定がそれほど容易ではなかった時代のことであるから，これは北海道で（いや日本でも？）初めての山岳の凝結核濃度測定記録であるといえるであろう．

3. 降雪による大気浄化作用

　北海道の山岳の降雪や積雪において，化学分析を進めた研究例は遠い過去にはほとんどないといえる．ところが時代が変わり，測定技術も進歩するにつれて，新しい発想で手稲山山頂の大気環境科学的な研究が行われた．当時大学院生であった村上正隆と木村 勉は共同で観測し，手稲山山頂で冬季の雲水を採集してこれを化学分析してみた（Murakami ら，1983）．この過冷却の雲粒子の採取にはナイロン細線を縦に張って，その後方のファンで大気を引き込み，雲の微水滴を細線に捕捉させて雫として流れる水滴を下方の容器に受け取るという原理で，北海道大学工学部の大喜多の研究室で製作したものを借用した．この雲水採取と同時に山頂と地上（札幌市内北海道大学構内）でそれぞれ採集した降雪試料の分析結果と比べて，降雪による大気汚染物質の除去作用の効果を雲内と雲底下に分けて比較し，どちらがより効果的であるかという議論を試みた．

　ここでは雲内の雲水の化学成分は札幌上空の雲の中も手稲山山頂の雲の中と同じであると仮定しているが，これはある程度妥当であると思われる．二カ所で採集された降雪については，札幌の降雪は雲内浄化と雲底下浄化作用の両方を経た雪であるとみなし，手稲山山頂で採取された降雪は雲内浄化作用だけを経た雪とみなすことにしている．この議論は，以前から世界中で関心が持たれて，雲の中で雨や雪のような降水粒子が形成される過程で，その大気中に存在していた微粒子が雲粒子形成の芯（凝結核や凍結核）として取り込まれて使われる過程を「レインアウト」と呼び，既にできあがった降水粒子が雲の底から地上に向かって落下する途中で，その廻りの大気中の微粒子や気体を取り込んで浄化して行く過程のことを「ウォッシュアウト」と呼んで区別し微物理過程を議論してきたのである．この二つは大体，雲内と雲底下の現象に対応すると考えられるのであるが，しかし雲の中でも「ウォッシュアウト」が起こらないとはいえないどころか，これは十分に起こり得ると考えられるので，最近では観測した高度が雲内か雲底下であるかを区別して，「雲内浄化」と「雲底下浄化」と呼び，これら

の4つを使い分けるようになっている.

Murakamiら (1983) はエアロゾルと,二酸化硫黄 (SO_2) や硝酸 (HNO_3) などのガス成分,降水中の化学成分を同時に観測した.さらにエアロゾルの粒径分布を求めるために,例のガードナーカウンターを用いる観測方法に工夫し,エアロゾルの粒径分布を求めた.その結果,図6.2に示すように硫酸塩粒子(図の横軸 SO_4^{2-})について見ると,降水過程での全浄化(雲底下浄化に雲内浄化を合計した全て)に対して,雲底下浄化の占める割合

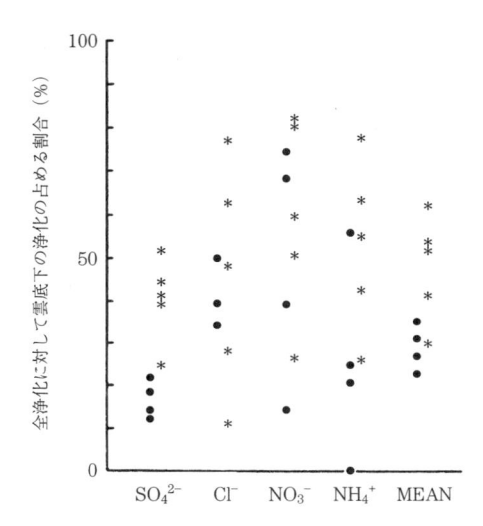

図6.2 雲底下の浄化作用が,それと雲内浄化作用を加算した全浄化作用に対して占める割合(Murakamiら,J. Meteor, Soc. Jpn, 1983)
●:雨,＊:雪の場合

は,雨の場合は平均20%であり,雪では40%と計算された.これは雪の方が雨に比べて形が複雑で表面積が大きく,落下速度も遅くて大気中の滞留時間が長いこと,そのため蒸発しやすく電荷を帯びやすいことなどが雲底下浄化にとって効果的で有利な条件であるためと考えられる.

4. 酸性雪の観測

低温科学研究所で積雪の化学分析が行われるようになったのは最近のことである.川島(1994)らは,ほぼ南北に走る石狩山地の西側から東側にかけて積雪を採取し,その化学成分を調べて大雪山系脊梁山脈を挟んだ積雪化学成分の広域分布を明らかにしている.これらには石北峠などの標高の高いところの積雪試料も含まれているが,概ね国道沿いの観測で,できるだけ道路からの影響を受けない地点の積雪を採集したものである.それに

よると北海道の西海岸から東に向かって海塩性の化学成分濃度が一般に減少する傾向が認められている．非海塩性の硫酸塩は広域にわたって一様に同じレベルの濃度であるのに対して，硝酸塩は場所による違いが目立っていた．これは前者が長距離輸送物質であるのに対して，後者は発生源近くでの消失と補給の繰り返しで安定しない傾向を反映しているとみなされ，従来からの考え方に矛盾しないものである．

一方，大雪山の旭岳ロープウエイに沿って，姿見池（終点）─天女が原（中継点）─勇駒別（始点）に相当する高度に沿って高度100mごとに積雪のコアサンプルを掘り出して持ち帰って分析もしている．その結果は，概ねのところ海塩起源のCl^-などが高度を増すにつれて減少する傾向が見られている．さらに，手稲山山頂と札幌市内および旭岳温泉と平地の東川町のように，山岳積雪とその山麓の積雪を採集して表面からの層序が明確な部分を対比して分析した結果を比べると，やはり海塩性の成分が山岳積雪中で少なくなっていることが認められている．

冬季の山岳でフレッシュな降雪を採取することは，困難な作業である．しかし，そこでは地上と違ってドライフォールアウト（降下煤塵）は少ないので，積雪試料でも自然界の降雪試料に限りなく近い質を保っていると考えられる．しかも，その後に降雪に埋もれてひとたび積雪層内に閉じ込められてしまうと，とくに北海道の山岳のように気温の低いところでは，天然の冷凍庫に保管してあるのと同様に質的にも安定に保存されると期待される．

したがって，今後は積雪がピークに達する春先に近い晩冬季に，森林限界より高い高原の積雪層を採取して，それに化学分析を施すことにより，さらに有効な観測が展開されると期待されるところである．

（遠藤辰雄）

引用文献

Magono, C. and Kikuchi, K. 1961 : On the electric charge of relatively large natural cloud particles, *J. Meteor. Soc. Jpn*, **39**, 259 – 268.

Murakami, M., T. Kimura, C. Magono, K. Kikuchi, 1983 : Observations of precipitation scavenging for water‐soluble particles, *J. Meteorol. Soc. Jpn.*,

61, 346 - 358.

川島由載, 1994：北海道における降・積雪中の化学成分の特性，平成6年度北海道大学地球環境科学研究科修士論文（地圏環境科学専攻）.

7章 北関東の山

a. 赤城山の酸性霧

1. 酸性霧とは

　霧とは無数の微小な水滴が大気中に浮遊していて，1 km以上の距離にある物体の輪郭をぼかしてしまう現象をいう．濃い霧の場合は10 m先の物体が見えなくなることもある．霧の代表的なものとして放射霧（地表面に生ずる放射冷却によって，地表に接する空気が冷却して生成する）や滑昇霧（山腹を吹き上げる空気の断熱膨張による冷却で生成する）がある．また発生しやすい地形の名前を取って谷霧，山霧，盆地霧，都市霧，川霧などということもある．

　酸性霧としては，近傍に特殊な汚染物質の放出源があり，それに影響された霧と，中長距離を大気汚染物質が移流して，霧の酸性化が起こる場合の2ケースがある．即ち一次放出されたり，光化学反応などにより生成し，大気中に存在しているガス状，粒子状の酸性物質（例えば，塩酸，硝酸，硫酸）のうち，後者が凝結核となったり，生成した霧が前者を取り込む場合がある．さらに，一次排出された汚染ガス（二酸化硫黄（SO_2））や二次生成汚染物質（過酸化水素（H_2O_2），オゾン（O_3）等）が霧として存在する水滴に捕捉され水滴が反応場となり，水溶液反応を起こして酸性物質となり生成する場合がある．

　雨は高層から落下してくるため，下層での大気汚染物質の捕捉の時間は短い．一方，霧は地表面付近で発生し，微小滴であるため滞留時間が長く，汚染物質を多量に取り込む．同じ水分量の場合，霧粒の方が総表面積が100倍広いために，ガスの衝突確率が100倍になり，大気汚染物質を捕捉しやすい．

　酸性雨の場合には，汚染された初期降雨が多量の清浄な後続雨水により洗い流されるが，霧の場合には水分量としては少ないため，葉などへ付着

した場合作用時間が長い．粒子が微小でありpHが低いために，植物の葉，枝，幹などへの影響は大きい．酸性度の高い酸性ミストは木の葉の表面にある保護層のクチクラのワックス層を分解することが明らかになっている．さらにこの分解により葉の表面からの昆虫や病原菌の侵入が容易になり，成長低下を起こす可能性がある．また，北米における植物被害が，山岳地帯のある一定高度以上に広く出現しているのも霧の影響を示唆している．

2．霧の測定方法

霧の捕集：霧粒とガスを分離して霧粒だけを捕集するには，原理としては霧粒とガスの慣性の差を利用した慣性衝突法がある．流れに乗った粒子（霧粒：10 μm）とガス（$1〜5 \times 10^{-4}$ μm）の混合物では細線などの円柱状の障害物（〜500 μm）があったとき，粒子は直進して障害物へ衝突する．霧が発生しているときに流れに垂直に多数の細線を縦に張ると，霧粒が衝突して重力で落下してくるので，これを容器に集める．

細線を縦に多数張る（これを捕集用の細線ネットと呼ぶ）方法は簡便であるため最もよく用いられているが，その中にもファンを使って強制的に空気を吸引するアクティブな型が最も広範に用いられている．これの主な構成は，雨水の混入を防ぐための屋根，捕集用の細線ネット，吸引用のファン，霧水貯水用の容器である．ファンの動力を乾電池にすると可搬型となり，交流電源にすると設置型となる（図7.1）．研究者がサンプリング現場に立ち合って貯留用の容器の交換を行う方法と，霧を感知するセンサーが付いており，自動的に捕集装置のファンが回りはじめ，捕集を開始し霧水をある一定量ずつ保存容器に貯留する方法がある．この場合，気温が高いとサンプルが変質するため保存容器は冷蔵庫の中に収納されている．

霧水の分析方法：一般の酸性雨分析と同じ項目が汚染度を調べるために行われている．ろ過して粒子状物質を除き，pHと電気伝導度（EC）を測定する．イオン種としては，陰イオン Cl^-，NO_3^-，SO_4^{2-}，陽イオン NH_4^+，Na^+，K^+，Mg^{2+}，Ca^{2+} がイオンクロマトグラフィーで分析されている（イオン式などについては大気化学基礎講座を参照）．pHが低かったり，

図 7.1　霧水捕集装置

NO_3^-, SO_4^{2-} 濃度が高い霧は汚染された霧といえる．これらの代表的なイオン種の測定には 30〜50 ml のサンプル量が必要である．

3. なぜ赤城山で観測するか

　関東地方は，日本で最大の大気汚染物質の排出地帯である．汚染ガスは，夏期の早朝の北東風により，相模湾方面へ運ばれ，午後には相模湾海風により，内陸部の北方面へ光化学反応を起こしながら輸送される．生成した二次汚染物質は，夕方から夜間にかけては，東からの鹿島灘海風をうけて，関東地方の北部または北西部の山岳地帯へ輸送される．夏の典型的な風の様子を図 7.2 に示す．夕方になると気温も低下し霧が発生しやすい条件になる．関東地方のまわりの山岳部に発生する霧は，汚染物質を取り込んで，pH が低いと考えられる．

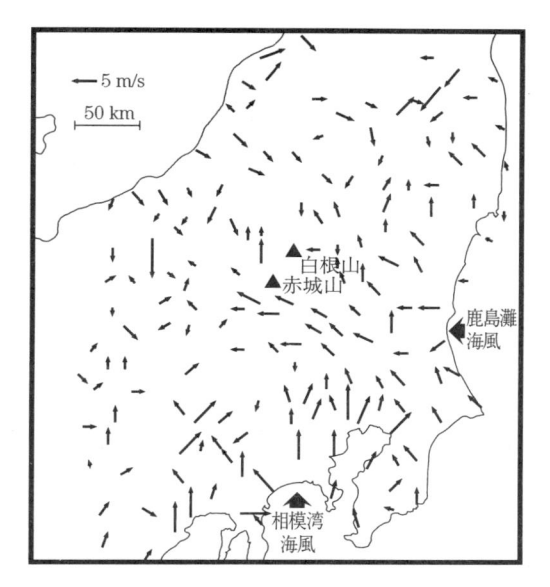

図 7.2 夏期の典型的な地上風向

4. 赤城山における酸性霧の観測結果

　筆者らは，関東平野の北西部にある赤城山の南東面を上昇しながら発生する滑昇霧の観測を，鳥居峠（標高 1,400 m）で 1984 年から行ってきた．1984 年の観測では霧は 10 月 2 日夕方から 3 日早朝に発生した．霧水の化学組成の経時変化を調べると発生直後の霧は，最も pH が低く（2.90），EC，各種イオン濃度が高かった．とくに，NO_3^- は 202 μg/ml を示し当量比で SO_4^{2-} の約 2 倍であった．以降は pH が高くなり，各種イオン濃度が減少している．1986 年には 9 月 30 日夕方から翌日にかけて 16 時間にも及ぶ霧が観測された．霧水の化学組成の経時変化の結果の一部を表 7.1 に示した．観測した霧全体では，pH は 3.20〜4.22 の範囲にあり，ほとんどが pH 3 台であった．このように長時間におよぶ pH の低い霧は植物生態系への影響が大きいと思われる．霧水中の汚染物質濃度はわが国における平均的な雨よりもはるかに高く，H^+，NO_3^-，SO_4^{2-} が当量比で全イオン中それぞれ 20，

22, 17 %を示していた. 赤城山の 15 km 風上にある大間々町で並行して観測したガス・エアロゾルの濃度変化から, 大間々町から汚染気塊が移流してきて霧の汚染度に影響したものと推測された.

1990年には 9 月 23 日の夕方 18 時頃に, 首都圏地域からの移流と考えられる高濃度の O_3 が観測された. 100 ppb を越すこの O_3 は植物に有害な大気汚染物質である. その後 23 時頃から霧が発生し, 翌朝 3 時まで断続的に

表 7.1 酸性霧の pH, イオン濃度の変化

1986年9月30日～10月1日						
捕集開始時刻		捕集量 ml	EC μS/cm	pH	NO_3^- μeq/ml	SO_4^{2-} μeq/ml
18:30	20:53	560	243	4.00	0.737	0.354
20:53	21:06	125	172	3.79	0.411	0.219
21:06	21:27	193	171	3.73	0.373	0.229
21:27	21:57	193	217	3.54	0.390	0.262
21:57	22:22	193	226	3.49	0.411	0.275
22:22	22:41	189	223	3.48	0.384	0.237
22:41	23:00	193	210	3.50	0.382	0.233
23:00	23:25	212	294	3.34	0.594	0.298
23:25	23:52	239	242	3.41	0.485	0.248
23:52	00:20	312	72	4.11	0.117	0.093
00:20	00:38	239	79	4.19	0.126	0.111
00:38	00:52	185	73	4.22	0.123	0.111
00:52	01:20	250	132	3.73	0.229	0.166
01:20	01:40	204	170	3.59	0.287	0.197
01:40	02:00	185	189	3.54	0.305	0.204
02:00	02:31	200	153	3.61	0.244	0.172
02:31	03:00	212	205	3.45	0.285	0.246
03:00	03:30	212	170	3.53	0.216	0.223
03:30	04:00	62	298	3.30	0.426	0.375
04:00	04:54	223	378	3.20	0.532	0.525
04:54	05:24	281	191	3.52	0.321	0.223
05:24	05:54	273	196	3.50	0.342	0.219
05:54	06:24	239	215	3.44	0.326	0.254
06:24	06:56	235	197	3.50	0.319	0.237
06:56	07:25	223	179	3.53	0.276	0.219
07:25	07:56	185	211	3.47	0.329	0.256
07:56	08:26	146	256	3.41	0.415	0.308
08:26	08:55	127	221	3.49	0.316	0.296
08:55	09:39	208	137	3.71	0.202	0.191
09:39	09:55	85	122	3.80	0.169	0.187
09:55	10:15	96	120	3.80	0.165	0.191
10:15	10:36	112	93	3.90	0.107	0.136

続いた．このときの分析値の一例は，pH：3.71，EC：325 μS/cm，NO_3^-：52.7 μg/ml と汚染度の高いものであった．国内の降水の平均 pH が 4.7 であるので，10 倍酸性度が高かった．このことは過去の何回かの調査でも同様である．1992 年の調査でも pH 3 台は頻繁に見られることから，植物への影響が危惧される．

　赤城山は関東平野で放出された汚染物質が，そのままあるいは変質を受けて，南－南東風により直接衝突してくるような場所であり，そこではシラカンバ，ダケカンバ，ミズナラ，カラマツ等の木が多数立ち枯れている（図 7.3）．場所的にも北面はほとんど枯れておらず，南面に被害は集中している．赤城山の植物は酸性霧を初めとする大気汚染物質によるストレスを受けており，大気汚染物質が植物に与えている影響は大きいものと思われる．

　いずれにしても約 10 年間観測を行ったが苛酷な調査であったと同時に十分なデータがとれて研究は終了した．

観測地点を探し出して下さり，共同研究を行った群馬県衛生環境研究所故 関口恭一博士に感謝申し上げる．

（村野健太郎）

図 7.3　赤城山における森林枯損

b. 奥日光地域における光化学オゾン

　奥日光白根山の周辺では大規模な森林の衰退が各所で見られる．白根山や男体山のダケカンバ，念仏平のオオシラビソ，女峰山のコメツガなどはとくに衰退が著しい．奥日光における森林衰退には方向性が見られ，南東面の樹木が枯れているところが多い．雨や病虫害，動物による食害が原因なら，そのような方向性があらわれることは考えにくい．日光の山々の南東方向は東京の方向である．夏には強い日差しによる光化学反応によって生成したさまざまな大気汚染物質が，海風に乗って北関東の山岳地域に輸送されてくることは良く知られている．このような大気汚染物質があるときは直接，あるときは霧にとけ込んで，植物の葉や幹に襲いかかり，植物に影響を与えていることは十分に考えられる．実際，20 数年前東京で頻繁に見られた光化学スモッグが，最近ではむしろ埼玉や群馬の内陸部で起こることが多いのも，その点を示唆している．O_3 の樹木に対する影響は既に良く知られているところである（Sandermann ら，1997）．また高濃度の O_3 が森林に到達すると，そこで樹木が放出しているテルペン類などの天然炭化水素と反応して，H_2O_2 や有機過酸化物などの酸化力が強く，毒性の強い物質が森林内に生成することになる（Gab ら，1985；Hewitt and Kok，1990；Hewitt and Terry，1992；Hatakeyama ら，1993；Lee ら，1993）．過酸化物については次項で述べることにし，ここでは奥日光地域における O_3 について紹介する．

　我々が初めて高度 2,300 m 付近の前白根山頂上直下の稜線上で O_3 濃度を測定したのは 1995 年 8 月であった．水も食料も，もちろん電源もない山の上で O_3 を観測するためには，カーバッテリーや太陽電池を用いるオゾンセンサーを実用化した上で，あらゆるものを人力で山の上まで運ぶ必要があった．そのため山の環境保全に関心を持つ登山家のボランティアグループ「死滅する森林を救うグループ」（5 章 3 節参照）の協力を受け，観測を行った．この時の結果は既に報告されている（畠山ら，1996）．図 7.4 はその結果であるが，時間平均値で 100 ppb を越える O_3 が，とくに南東風の時に

観測された．同時に観測された国立環境研究所の奥日光環境観測所（標高1,450 m）の O_3 データは，山上での O_3 の変動と非常に類似した変動パターンを示すものの，O_3 濃度は40〜50 ppbも低く，高濃度の O_3 が上空にあったことを示している．この時期は夏の晴天が数日続いたときであり，Wakamatsu（1996）によれば，ほぼ同じ時期に関東平野上空で行った航空機調査では，平塚付近の高度1,000 mあたりで，実に300 ppbの O_3 が観測された．好天気が連続した夏の関東地域では海風・陸風の循環によって高濃度の汚染物質が上空に蓄積されやすいことは良く知られている（植田，1990）．前項で述べたように，我々は白根山と直線距離にして30 kmほどしか離れていない群馬県の赤城山で，長年酸性霧や大気汚染物質の観測を行ってきた（池田ら，1995, 1996）．ここでも1990年9月の観測で100 ppbを越える高濃度 O_3 を観測した．この時の気象条件をもとに大気汚染物質の流れを計算したところ，図7.5に示すように，東京を出発した汚染気塊が，高濃度 O_3 が観測された時刻に赤城山に到達していることが明らかとなった．

奥日光地域では環境庁による調査も行われており，奥日光において140〜160 ppbというきわめて高い O_3 が観測，報告された（計量計画研究所，

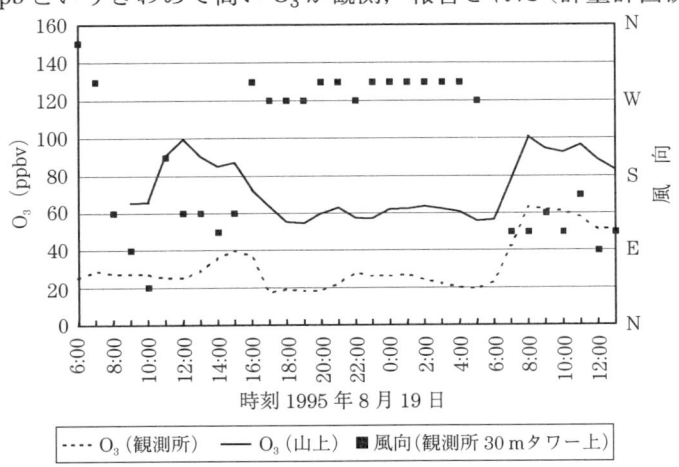

図7.4　1995年8月の前白根山頂上したの稜線上で測定された O_3 濃度
（畠山，村野，大気環境学会，1996）

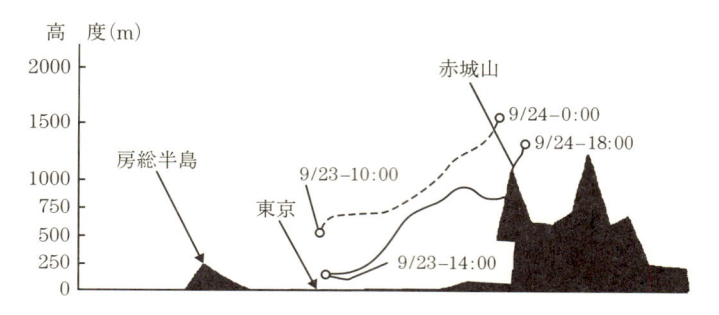

図 7.5　東京を発して赤城山に到達した汚染気塊
（池田ら，大気環境学会，1995）

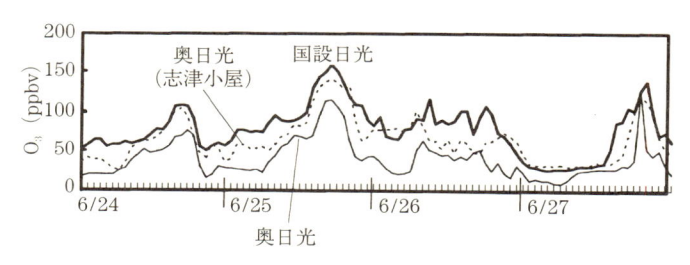

図 7.6　1997 年 6 月に奥日光地域で測定された高濃度 O_3
（畠山，環境科学会，1999）

1998）．図 7.6 にそのデータの一部を示す．日光大真名子山に開設された国設日光酸性雨ステーション（標高 1,781 m）と男体山中腹の志津小屋（標高 1,900 m），および上記国立環境研究所奥日光環境観測所での O_3 濃度を比較した．図のデータは 1997 年 6 月 24 日～27 日のものである．25 日の 16 時頃に 150 ppb 近辺の高濃度が観測された．O_3 の高濃度域は海風の侵入とともに南関東地域から北関東地域に移動することが明らかにされ，奥日光地域で観測された高濃度 O_3 のかなりの部分が，南関東の大発生源地域から排出された一次汚染物質が海風によって内陸域に輸送される過程において光化学反応によって生成した可能性が指摘されている．

（畠山史郎）

引用文献

Gab, S., E. Hellpointner, W. Turner, and W. V. Korte, 1985 : Hydroxymethylhydroperoxide and bis (hydroxymethyl) peroxide from gas − phase ozonolysis of naturally occuring alkenes. *Nature*, **316**, 535 − 536.

畠山史郎, 1999 : 奥日光地方における森林衰退と酸性降下物・酸性大気汚染物質, 環境科学会誌, **12**, 227 − 232.

Hatakeyama, S., H. Lai, S. Gao, and K. Murano, 1993 : Production of hydrogen peroxide and organic hydroperoxides in the reactions of ozone with natural hydrocarbons in air. *Chem. Lett.*, **1993**, 1287 − 1290.

畠山史郎, 村野健太郎, 1996 : 奥日光前白根山における高濃度オゾンの観測, 大気環境学会誌, **31**, 106 − 110.

Hewitt C. N., and G. L. Kok, 1990 : Hydroperoxides in plant exposed to ozone mediate air pollution damage to alkene emitters. *Nature*, 344, 56 − 58.

Hewitt, N., and G. Terry, 1992 : Understanding Ozone Plant Chemistry. *Environ. Sci. Technol.*, **26**, 1890 − 1891.

池田有光, 安田龍介, 東野晴行, 渡辺竜馬, 畠山史郎, 村野健太郎, 1995 : 赤城山で発生する酸性霧と大気汚染の解析―汚染大気の輸送を中心として―, 大気汚染学会誌, **30**, 113 − 124.

池田有光, 安田龍介, 東野晴行, 山田哲也, 畠山史郎, 村野健太郎, 1996 : 赤城山で発生する酸性霧と大気汚染の解析 (2) −天気条件と霧水汚濁の特性−, 大気環境学会誌, **31**, 292 − 302.

計量計画研究所, 1998 : 平成9年度環境庁酸性雨予測手法の開発調査報告書, 計量計画研究所, 255pp.

Lee, J. H., D. F. Leahy, I. N. Tang, and L. Newman, 1993 : Measurement and speciation of gas phase peroxides in the atmosphere. *J. Geophys. Res.*, **98**, 2911 − 2915.

Sandermann, H., A. R. Wellburn, and R. L. Heath (Eds.), 1998 : Forest decline and ozone, Springer, Berlin.

植田洋匡, 1990 : 酸性雨, 橋本道夫他編「地球規模の環境問題<1>」, 中央法規.

Wakamatsu, S., (1996) High concentrations of photochemical ozone observed over sea and mountainous regions of the Kanto and eastern Chubu districts. *J. Japan Soc. Atmos. Environ.*, **31**, 309 − 314.

c. 奥日光・赤城山におけるガス状過酸化物測定

1. 過酸化物とは

　過酸化物とはROOH（R：Hまたは炭化水素基を示す）とあらわされる物質で，身近なものとしてはケガをした時の消毒に使うオキシドールの過酸化水素（H_2O_2：HOOH）がよく知られている．この過酸化物は酸化力の非常に強い物質であり，植物や動物の細胞組織を変性させ，障害を引き起こす物質でもある．オキシドールによる殺菌もこの強い酸化力によるものである．過酸化物は人間の体の中にも存在して老化やガンと関わりがあると考えられており，健康問題，医学関係においても話題になっている（Halliwell and Gutterbridge著：松尾ら訳，1988）．この過酸化物が大気中に存在するということは，大気に接触しているものは過酸化物から酸化ストレスを受けていると考えられる．また，過酸化物は化石燃料の燃焼などによって発生する大気中のSO_2を酸化して硫酸（H_2SO_4）を生成し，酸性雨の元となる物質をつくる過程にも関与している．過酸化物については，光化学反応によって生成されるものと，O_3と植物が放出する天然炭化水素（テルペン類）が反応して生成される（Beckerら，1990），という二つの生成源が知られている（図7.7）．

2. なぜ過酸化物を山地で測るのか

　世界各地において原因のよくわからない森林枯損が起こっており問題となっている．日本においては関東平野周辺の山地（丹沢山塊，日光，赤城山など），瀬戸内海，日本海沿岸の森林において顕著な森林枯損が見られる．この森林枯損の原因としてはシカの食害や台風による倒木，病虫害など多くの要因が考えられているが，その原因の一つに大気汚染があげられている．大気汚染物質であるO_3が日光，赤城山において高濃度で観測されており，首都圏などの都市域から汚染気塊が輸送されている．このO_3は毒性があり，植物の成長を阻害する働きがあるので森林枯損の原因の一つとして

考えられている（Schmieden and Wild, 1995；伊豆田・松村, 1997）．

さらに，この O_3 は過酸化物の生成のもととなりうる（図7.7）．森林地帯は植物の放出するテルペン類が豊富であることから，都市域から離れた大気汚染の影響を受けている山地の森林枯損は O_3 とテルペンの反応によって過酸化物が高濃度で存在することが原因ではないかと考えられる（畠山, 1995；Junkermann, 1997）．

このことから，都市域からの大気汚染の影響が考えられる山地の森林で大気中の過酸化物を測定し，その動態を解明することを目的として，奥日光と赤城山において現場測定を行った．

3．測定・結果

測定は水溶性ガス状物質の捕集器具であるミストチャンバーを用い，野

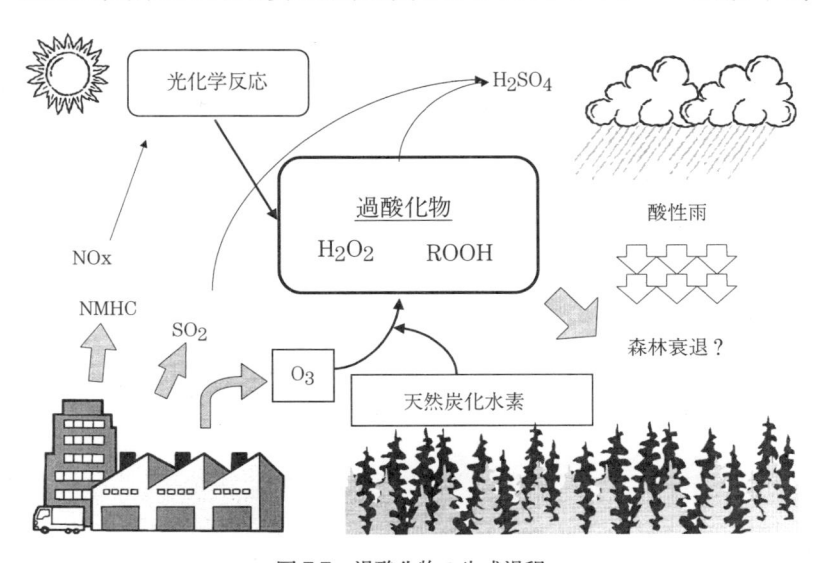

図7.7　過酸化物の生成過程

過酸化物には，①大気中物質と太陽光によって光化学的に生成②テルペン類などの炭化水素と O_3 が反応して生成と，2つの生成過程がある．汚染の影響を受けている地域においては，①によって生成される過酸化物に加えて②の分も上乗せされることで過酸化物濃度が高くなるのではないかと推定される．

外大気を約50分間で250〜300 l をポンプで引きこんで，捕集液中に大気中の過酸化物を溶かし込み，これを高速液体クロマトグラフィーにより分析，定量を行った（Hellpointer and Gäb, 1989 ; Jackson and Hewitt, 1996 ; Sauer ら, 1997）．奥日光においての観測は1997年度より毎夏集中観測を行っている．赤城山では1999年，国設の酸性雨観測所において観測した．1日の過酸化物の濃度変化を知るためには連続したデータを取る必要があり，1時間ごとに作業を行って24〜48時間程度，連続でサンプリングを行った．

これまで得られたデータの一例を図7.8に示す．1998年度に奥日光で行った観測では，夜間に H_2O_2 濃度のピークが見られるデータが得られた．光化学反応に必要な太陽光がない夜間にピークが見られたということと，このピークと同時に O_3 濃度と気温の微増が見られたことから，首都圏からの汚染気塊が夜間になって日光まで輸送されてきたのではないかということが考えられる．このことから，都市域から離れた郊外，山岳地域にある観

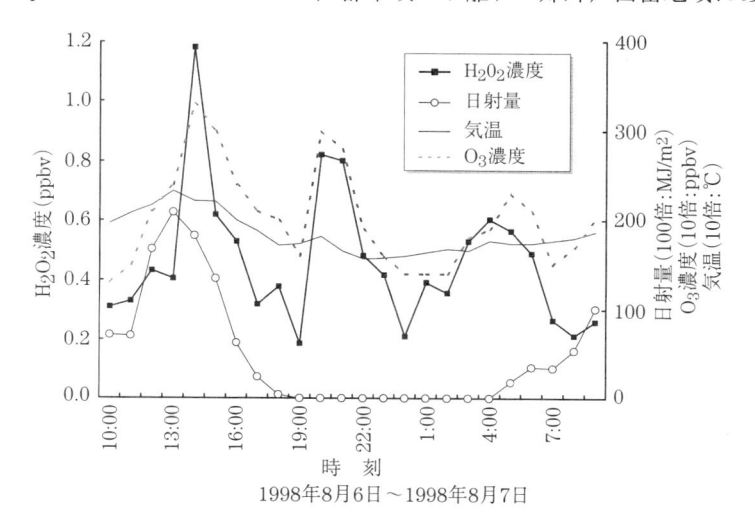

図7.8　国立環境研究所奥日光環境観測所における観測結果

H_2O_2 濃度のピークが昼間（14時）と夜間（20時〜21時と翌4時）の3カ所に見られる．また同時刻に O_3 濃度と気温の微増が見られる．

測地においても都市汚染の影響を受けていることが示唆される．これらの地域では大気中過酸化物の挙動は都市域からの汚染の影響を受け，規則的な濃度変化を示すとは限らず，都市からの汚染気塊によって散発的に濃度のピークが見られることがわかった．

(米倉寛人)

引用文献

Becker K. H., Brockmann K. J. and Bechara J., 1990 : Production of hydrogen peroxide in forest air by reaction of ozone with terpenes, *Nature*, **346**, 256 – 258.

Hellpointner E. and Gäb S., 1989 : Detection of methyl, hydroxymethyl and hydroxyethyl hydroperoxides in air and precipitation, *Nature*, **337**, 631 – 634.

Jackson A. V. and Hewitt C. N., 1996 : Hydrogen peroxide and organic hydroperoxide concentrations in air in a eucalyptus forest in central Portugal, *Atmos. Environ.*, **30**, 819 – 830.

Junkermann W. and Polle A., 1997: Diurnal fluctuations of secondary photooxidants in air and of detoxification system in the foliage of Mediterran forest trees, *Atmos. Environ.*, **31**, 61 – 65.

Sauer F., Limbach S. and Moortgat G., 1997 : Measurements of hydrogen peroxide and individual organic peroxides in the marine troposphere, *Atmospheric Environ.*, **31**, 1173 – 1184.

Schmieden U. and Wild A., 1995 : The contribution of ozone to forest decline, *Physiologica Plantarum*, **94**, 371 – 378.

伊豆田 猛, 松村秀幸, 1997：植物保護のための対流圏オゾンのクリティカルレベル, 大気環境学会誌, **32**, A73 – A81.

畠山史郎, 1995：大気中の有機過酸化物の生成過程と測定, 大気汚染学会誌, **30**, 215 – 223.

Halliwell, B and Guteeridge, J. M. C著：松尾光芳, 嵯峨井 勝, 吉川敏一 訳, 1988：フリーラジカルと生体, 学会出版センター．

8章 八方尾根における酸性雨

－北アルプス，八方尾根で観測された
オゾン・エアロゾル・酸性雨－

1. はじめに

　長野県は本州の中央部に位置する観光県で，四季を問わず大勢の観光客が豊かな自然を求めて訪れる．中でも，1998年冬季オリンピックのアルペンスキー会場となった八方尾根は，リフトが通年運行されており，手軽に山岳の自然を満喫できる観光スポットである．ひとたび最終リフトを降りてこれらの山岳地域に踏み入れば，夏は別天地で，その爽やかさ，高山植物の美しさ，間近に見える北アルプスの山々の雄大さに心打たれるものがある．

　ところで，山岳地域の大気は清浄であると考えられがちであるが，大気汚染の特徴は，汚染物質の排出源近傍に限らず遙か遠方までその影響が及ぶ点にある．この点が水質の汚濁や土壌の汚染と大きく異なる点であり，八方尾根も例外ではない．長野県衛生公害研究所では，国立環境研究所や大学研究機関との共同で1985年から八方尾根で大気汚染物質の観測を行っており，春先の黄砂の輸送と高いオゾン（O_3）濃度，平地よりも多い酸性物質の沈着，降雨による大気の浄化過程，酸性エアロゾルの存在，国内外からの長距離輸送など，山岳の大気の様子がさまざまな観測によって解き明かされつつある．

　八方尾根の観測は，1994年以降は環境庁で設置した国設酸性雨測定所（標高1,850 m）で行われており，最終リフトを下り立つと前方に茶色の箱形の建物が見える（口絵1）．ここで観測される汚染物質は，日本国内の発生源のみならず，東アジア地域の発生源から長距離輸送されたと考えられる事例も見られる．このような長距離輸送についての解明を行うためには，観測地点が近隣の人為発生源の影響を受けにくいことが重要なポイントで

あり，周辺をスキー場のゲレンデと山々に囲まれた八方尾根局舎は立地条件に恵まれている．

この章では，今までの観測によって明らかとなった中部山岳地域の大気，酸性雨の概要について幅広く紹介する．

2．観測の方法

八方尾根の大気観測は，24時間連続で数年間継続して行う長期観測と，1～2週間の期間で多項目のガス，エアロゾルの調査を行う短期精密調査の2種類に分けられる．長期観測ではO_3，エアロゾル，気温，湿度の測定を行った（長野県衛公研，1995）．エアロゾルは，水溶性イオン成分（Cl^-，NO_3^-，SO_4^{2-}，NH_4^+，Na^+，Mg^{2+}，Ca^{2+}，K^+）の分析を行った．また，短期精密調査では，6時間間隔でエアロゾルと二酸化硫黄（SO_2），全硝酸（T-NO_3：ガス状硝酸と粒子状硝酸塩），アンモニアガス（NH_3）などの測定を行った（国立環境研，1994～1996）．

降水は，ろ過式採取器と呼ばれるロートとポリビンの間にフィルターを取り付けた採取器で，2週間～1カ月単位で採取した．なお，局舎では1日ごとに降水の採取が行われているが，こちらのデータは環境庁から公開されるためここでは触れない．

3．オゾン濃度の変動

成層圏のオゾン層は生物に有害な紫外線を吸収するバリアの役目を果たしているが，対流圏のO_3は人間に対して粘膜や呼吸器へ影響を及ぼしたり，植物に対して可視被害を引き起こす大気汚染物質であり，温室効果ガスでもある．わが国では，毎年春季に各地で高濃度の光化学オキシダント（O_X）による広域的な汚染が見られる．これらO_Xの大部分はO_3であり，O_X≒O_3と見なせる．O_Xの環境基準は，1時間値（1時間の平均値）が60 ppb以下と定められているが，達成状況は毎年きわめて低い．国内の1300余りの大気常時観測地点のうち，1997年度に基準を達成したのはわずか1地点に過ぎず，光化学大気汚染が全国的に問題となっている．

八方尾根の O_3 を長野市の O_X と比較してみると（図 8.1：薩摩林ら，1998），全体に八方尾根の方が濃度が高く，日変化が小さいことがわかる．平地では晴れた日の昼間光化学反応による O_3 の生成と，混合層（上空 1,000～1,500 m に達する）の発達に伴う上層からの取り込みによって濃度が増加する．また，夜間は地表面への沈着と NO との反応によって濃度が減少し，日内変化を生じる．これに対して八方尾根は混合層の上部に位置しており，NO がほとんど存在しないため日内変化が小さい．また，混合層上部の O_3 濃度を測定できることから，八方尾根の O_3 濃度が増減した場合，混合層内に取り込まれる O_3 が連動して増減し，平地の O_X 濃度に影響を与える結果となる．このように，山岳での O_3 観測は光化学汚染の解明のために重要である．

図 8.2 は，1990 年 1 月から 1994 年 12 月までの八方尾根 O_3 濃度の経月変化を示している．O_3 の月平均値は 4～6 月に 60 ppb 以上の高濃度になり，8～9 月に低くなる季節変動を示した（薩摩林ら，1998）．対流圏オゾンの季節変動に関しては，北半球の中緯度で局所的汚染源の影響を受けない

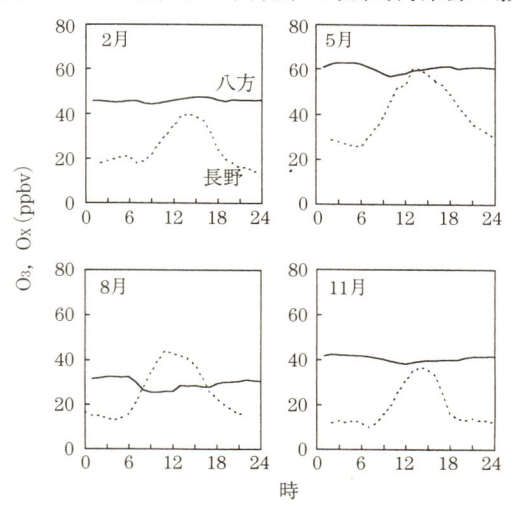

図 8.1　1993 年における八方尾根 O_3 と長野市 O_X の日変化
（薩摩林ら，大気環境学会，1998）

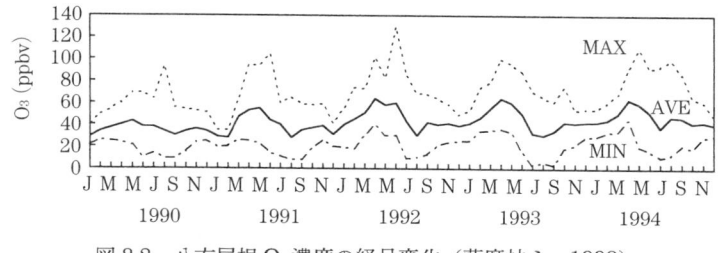

図8.2 八方尾根 O_3 濃度の経月変化（薩摩林ら，1998）

地点では，春に極大を示すことが知られている．また，日本では，夏季に太平洋から O_3 濃度の低い空気塊が流入するため極小値を示す傾向がある．

春季の高濃度 O_3 の出現要因については，成層圏からの高濃度 O_3 の侵入が影響しているとする説が多いが，グローバルな光化学生成も原因であると考えられている．Kajii ら（1998）は，八方尾根で O_3 と人為起源一次汚染物質である一酸化炭素（CO）の観測を行い，春季に両者に高い相関が認められたことから，化石燃料等の燃焼による NO_X（NO，NO_2）および非メタン炭化水素（NMHC）を起源として，対流圏内での光化学反応による O_3 の増加が原因であると指摘している．

経年変化に関しては，わが国の地表 0〜2 km における 1969〜1990 年の対流圏オゾンの増加は年率約 2％に相当し，この値は O_3 の増加率としては世界でも最も高い地域に属するといわれている（Akimoto ら，1994）．八方尾根における観測では，最近の数年間で見るとやや増加しているように見えるが，変化の傾向を見極めるにはまだ観測期間が十分でない．今後さらにモニタリングを続け，対流圏オゾンの変動を明らかにしていくことが重要である．

4．エアロゾルの成分組成

八方尾根のエアロゾル濃度の季節変化は，3〜6 月の春季から初夏にかけて高く，12〜1 月の冬季に低い変動を示す．都市部では初冬季に高濃度が出

現するのが普通であるが，これとはパターンが異なり，平均濃度も長野市と比較した場合1/2以下である．エアロゾルはその元素分析値を元に，ケミカルマスバランス（CMB）法と呼ばれる手法（Millerら，1972）によって土壌，自動車，廃棄物焼却などの各種発生源からの寄与率を算出することができる．この手法による八方尾根エアロゾルの各種発生源寄与（鹿角ら，1996）は図8.3のとおりで，年間を通じて二次粒子の寄与率が高く，3～4月にかけては黄砂の寄与率が23％と高く現れた．また，化学成分別の組成ではSO_4^{2-}が年間を通じて最も濃度が高く，全体に占める割合は19.8％，次いで有機炭素（OC），NH_4^+，元素状炭素（EC）の順であった．

エアロゾルをろ紙に捕集した場合，全ての成分が保持されるわけではなく，一部の成分は揮散することがある．例えば，NO_3^-とCl^-はH_2SO_4との反応によりそれぞれHNO_3およびHClとして揮散する．現に八方尾根ではCl^-がほとんど検出されない．このことは，Cl^-の供給源である海塩粒子の粒径が大きくて沈着しやすいため八方尾根への輸送が少なく，もともとCl^-濃度が低いということも一因であるが，硫酸（H_2SO_4）エアロゾルが存在する可能性を示唆している．また，SO_4^{2-}とNH_4^+の当量濃度の関係を見ると，SO_4^{2-}が過剰に存在する傾向があり，その一部がNH_4HSO_4やH_2SO_4な

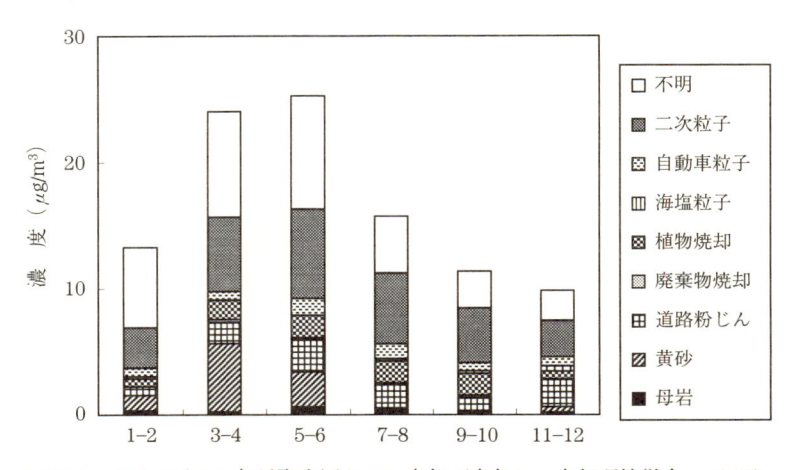

図8.3 エアロゾルの各種発生源からの寄与（鹿角ら，大気環境学会，1996）

どの酸性粒子として存在すると考えられている．このような酸性粒子が観測された事例を後ほど紹介する．

SO_4^{2-}濃度は変動が大きいが，春から夏にかけて高濃度が出現する傾向がある（図8.4）．7月のSO_4^{2-}濃度は年度によって格差が大きく，降水量との関係を見たところ負の相関が見られた．例えば1994年7月の降水量は57 mm/月，1995年7月の降水量は1,178 mm/月と20倍の差があり，SO_4^{2-}濃度はそれぞれ8.0，2.8 μg/m^{3}であった．干ばつに見舞われた1994年の4月から8月にかけては降水による洗浄がほとんど行われなかったため連続して6 μg/m^{3}以上の高い値を示した．このような降水量との関係は，降水が山岳地域における硫酸塩エアロゾルの洗浄除去（レインアウト）に重要な役割を果たしていることを示している．

5．降水の組成と大気からの取り込み

ろ過式採取による降水のイオン成分濃度は表8.1のとおりである．都市部に比べて降水量が多く，NH_4^+濃度の低いことが特徴である．pHは春に高く，夏から秋にかけて低くなる傾向がある．SO_4^{2-}沈着量は各季節とも長野

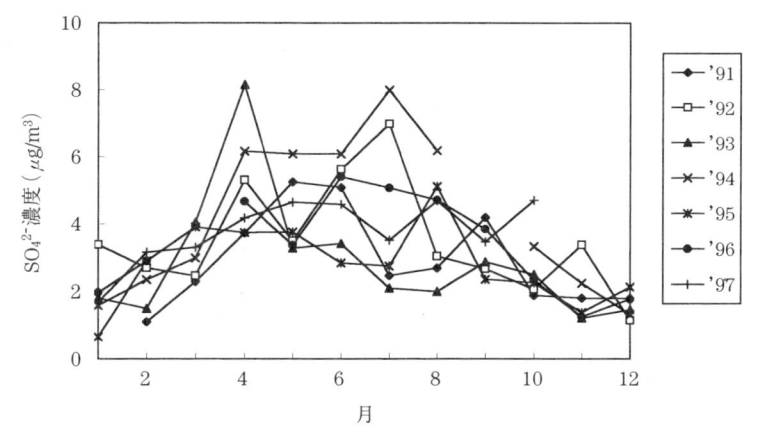

図8.4　エアロゾル中のSO_4^{2-}濃度の季節変化

表8.1 降水成分の平均濃度（1991〜1996）単位：mg/l

地点	降水量*	pH	SO_4^{2-}	NO_3^-	Cl^-	NH_4^+	Na^+	K^+	Mg^{2+}	Ca^{2+}
八方尾根	250	4.86	1.36	0.65	0.42	0.14	0.25	0.07	0.07	0.24
大野市	96	5.20	1.78	1.10	0.47	0.72	0.19	0.08	0.04	0.32
長野市	65	4.85	2.08	1.43	1.01	0.49	0.42	0.13	0.07	0.56

*mm/月（塩澤ら，1997）

市より多く，とくに3〜5月に多い．この時期にはNO_3^-の濃度と沈着量も増加するが，黄砂によって酸性成分が中和されるためpHは高めの値を示すことが多い．

　降水中のイオン成分は，雲粒の生成過程で取り込まれる部分（レインアウト）と地上まで落下する過程で取り込まれる部分（ウォッシュアウト）に分けられる．八方尾根は標高が1,850mと高いため，この点を生かして麓の白馬村（標高710m）との2カ所で同時に降水を採取して，それぞれの成分濃度からウォッシュアウトの寄与を推定することができる（鹿角ら，1996）．この場合ウォッシュアウトの寄与は次式で示される．

　　　　ウォッシュアウト＝｛（白馬村）―（八方尾根）｝／（白馬村）

　1992〜1993の調査では，ウォッシュアウトの寄与は，NH_4^+が79％と最も高く，K^+，Na^+，Mg^{2+}，NO_3^-，Cl^-が54〜67％，Ca^{2+}とSO_4^{2-}が32〜35％であった．したがって，NH_3ガスは盆地底部で濃度が高く，降雨の過程で取り込まれる割合が高いといえる．これに対してSO_4^{2-}はレインアウトの寄与が約70％と高く，他の化学成分に比較して広域的に輸送されてくる割合が高いことを示している．大気中に放出されたSO_2ガスは，化学反応によってSO_4^{2-}に酸化されるが，気相での酸化速度はNO_2がHNO_3に酸化される速度に比べて約1/10と遅い．また，生成したSO_4^{2-}は乾性沈着速度がHNO_3に比べて遅いため長時間滞留し，長距離輸送されやすい性質を持つ．

6．汚染物質の長距離輸送

　短期精密調査では，汚染空気塊が八方尾根に輸送されたと考えられる事例が何度か観測されており，特徴的な事例について次に紹介する．ここで

は流跡線解析を用いた輸送経路の解析を行った．この方法は，気象データから空気塊が流れてきた道筋を逆にたどるもので，汚染物質の排出源を推定するのに有効である．また，光化学反応の進み具合を知るための指標としてSO_2ガスの硫酸塩への変換率（Fs）を用いた．Fsは次式で示され，0〜1の範囲の値をとり，光化学反応の指標として用いられる．

$$Fs = [SO_4^{2-}] / ([SO_2] + [SO_4^{2-}])$$

(1) 1991年10月4〜5日（図8.5 a）4日21時〜5日3時にかけSO_4^{2-}，T-NO_3およびNH_4^+濃度がそれぞれ4.7，4.2，1.9 $\mu g/m^3$と高い値を示し，Fsは0.79と高く光化学反応が進んでいた．酸性成分はNH_4^+によって中和されていた．流跡線は朝鮮半島から西日本付近を通過し，光化学反応により二次物質を生成しながら汚染物質が輸送されたと考えられる．

(2) 1991年10月6日 3〜15時にかけてSO_4^{2-}とCl^-の濃度がそれぞれ2.4，1.8 $\mu g/m^3$と高い値を示した．Na^+とCl^-のモル比から，海塩由来のCl^-の割合は約30％と低く，HCl由来のCl^-の存在が示唆された．流跡線は九州南部を通過して八方尾根に到達していた．桜島からは大量のSO_2が

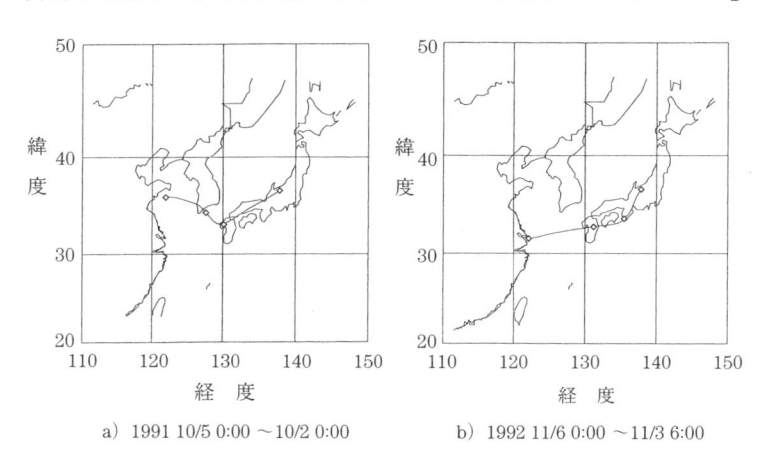

a) 1991 10/5 0:00 〜 10/2 0:00   b) 1992 11/6 0:00 〜 11/3 6:00

図8.5　八方尾根を起点（2,000m）とした等温位面上での流跡線解析（薩摩林ら，大気環境学会，1999）．
　　　◇は24時間間隔．
　　　a) 1991年10月5日0時から前3日間．b) 1992年11月6日6時から前3日間．

放出されて暖候期には日本列島上層への影響が指摘されており，HCl や粒子状の SO_4^{2-}，Cl^- の濃度も高いことから，これら火山ガスの影響を受けていたものと考えられる．3～9 時の Fs の値は 0.93 と高い値を示し，SO_2 の大部分が SO_4^{2-} に酸化されていた．

(3) 1992 年 11 月 6 日（図 8.5 b）0～6 時の SO_4^{2-} 濃度が 20 $\mu g/m^3$ ときわめて高い値を示した．この値は大都市並みである．H^+ 濃度を除いたイオンバランス（陽イオンの合計と陰イオンの合計の比率）は陰イオンが著しく過剰であった．陽イオンの不足分は通常水素イオン（H^+：直接測定できない）と見なせることから，SO_4^{2-} の大半が H_2SO_4（硫酸ミスト）として存在していたものと考えられる．このことは山岳地帯に高濃度の硫酸エアロゾルが存在したことを示しており，驚くべきことである．流跡線は九州中央部から中京方面を通過して八方尾根に到達しており，Fs は 0.84～0.89 と高く，光化学反応が進んでいた．$T-NO_3$，NH_4^+ といった人為発生源に由来する成分の濃度も高かったことから，火山ガスと国内の都市域で発生した汚染物質が同時に輸送されたものと考えられる．

(4) 1994 年 3 月 11～12 日　11 日夜中から 12 日未明にかけて北西の強い季節風が吹き，SO_4^{2-} をはじめとする全てのイオン成分と，SO_2 ガスの濃度が高い値を示した．流跡線から，汚染空気塊はモンゴル北部から中国，朝鮮半島を経由して直線的に八方尾根に到達していた．強風により短時間で輸送されたため SO_4^{2-} 濃度が 10 $\mu g/m^3$ と高い値であったにもかかわらず，Fs は 0.56 と，SO_2 の酸化率は 1/2 程度であった．

　以上のように，山岳地域には国内や東アジア地域からの汚染物質が輸送されており，そこでの大気観測は平地では知り得ない数々の有益な情報を我々に与えてくれる．観測に当たっては，地元白馬村の皆様の多大な協力を得たことを付記しておく．

（鹿角孝男）

引用文献

Akimoto, H., H. Nakane, and S. Matsumoto, 1994 : The chemistry of oxidant generation : Tropospheric ozone increase in Japan, in The Chemistry of the Atmosphere : Its Impact on Global Change, Ed. J. G. Calvert, IUPAC, Blackwell Scientific Publication. 261 − 273.

Kajii, Y., K. Someno, H. Tanimoto, J. Hirokawa, H. Akimoto, T. Katsuno and J. Kawara, 1998 : Evidence for the seasonal variation of photochemical activity of tropospheric ozone : Continuous observation of ozone and CO at Happo, Japan, *Geophys. Res. Let.*, **25**, 3505 − 3508.

鹿角孝男,薩摩林 光,佐々木一敏,鹿野正明,太田宗康,畠山史郎,村野健太郎,1996：八方尾根および長野市における浮遊粒子状物質と酸性降下物の特性,大気環境学会誌,**31**, 282 − 291.

国立環境研究所,(1994〜1996)：('91〜'95) IGAC/ APARE/ PEACAMPOT航空機・地上観測データ集.

Miller, M. S., S. K. Friendlander and G. M. Hidy, 1972 : A chemical element balance for the Pasadena aerosol, *J. Colloid Interface Sci.*, **39**, 165 − 176.

長野県衛生公害研究所,1995：八方尾根におけるオゾン測定データ集.

薩摩林 光,佐々木一敏,鹿角孝男,鹿野正明,太田宗康,栗田秀實,村野健太郎,畠山史郎,烏谷 隆,植田洋匡,1998：中部山岳地域における粒子状二次汚染物質の挙動,大気環境学会誌,**33**, 284 − 296.

薩摩林 光,佐々木一敏,鹿角孝男,鹿野正明,太田宗康,西沢 宏,村野健太郎,向井人史,畠山史郎,植田洋匡,1999：秋季および初春の中部山岳地域における大気中酸性,酸化性物質の挙動,大気環境学会誌,**34**, 219 − 236.

塩澤憲一他,1997：八方尾根の冬季における酸性降下物の特性,第38回大気環境学会講演要旨集,p.280.

9章 立山－空の汚れ雪に聞く

a. 冬季全沈着物質記録としての立山・室堂平の積雪

1. はじめに

　室堂平（標高2,450m）は，北アルプス・立山連峰の西側中腹に位置する．例年4月下旬には，「雪の大谷」といって，道の両側にそびえ立つ20m近い積雪の回廊を見学することができて，春のゴールデンウイークには大変な人だかりである．この雪の大谷を歩くと，たいてい1枚から数枚の「汚れ層」が目につく（カバー（裏）：5章5節参照）．この汚れ層は，バンド状に横に伸びており，ある時に積もったきれいな雪と，黄砂を含み汚れて見える雪とが重なって縞々ができている．このように，積雪は降雪に伴ってもたらされた化学物質や，降雪の合間に沈着した物質を記録しており，積雪の化学分析から，ひと冬の大気降下物の時間的変化を追うことができる．

　平野部では，自動車や工場など人間活動に伴う汚染物質や，雪が早く融けてしまったところからの土埃など，積雪を調べても必ずしも「上空の」大気質を反映していないことがある．しかし標高の高い山岳域では，周囲も深い雪で覆われて，人間活動からも遠く，「上空の」大気質そのものを反映した雪となる．したがって，山岳積雪を調べれば，アジア大陸から太平洋に流れる冬季の大気に関する情報を得ることができる．海外ではヨーロッパ・アルプスなどで山岳大気・積雪の総合調査や長期モニタリングが行われているが（Fuzzi and Wagenbach, 1997），日本では，山岳積雪の化学解析に関する研究についてはあまり多くの例を見ない．これは一つには，山岳積雪を採取するには条件の厳しい山岳に行かなくてはならないことと，たとえ採取してきたとしても有益な情報を引き出すことが難しいためである．例えば，山岳地帯において，極端な吹き溜まりでも吹き飛ばされやすいところでもなく，立木もなく，傾斜が緩くてほぼ水平な場所で，ある程度の広さがある所はそう多くはない．この点で室堂平は，約200×200mの平

坦な場所があり，山岳積雪を調べるには非常に都合がよい．「雪の大谷」は吹き溜まりのため，10 m を越える積雪深になるが，室堂平の最大積雪深は例年 5～10 m 程度である．これだけひと冬に積もると，逆に言えば時間分解能が良いことになる．しかも冬季は気温が 0 ℃以上になることがめったにないため，積雪の融解に伴う化学成分の移動や変質の可能性も低い．このように，室堂平は山岳積雪解析には，日本でも指折りの適所である．

2．室堂平の積雪

　室堂平では，10 月頃に初雪である．その後融けたり降ったりを繰り返し，11 月中旬から下旬になると根雪となって，翌年の 7 月頃まで雪が残る．室堂平には巨石がごろごろしているが，その中央には草のみの平坦部がある．毎年ここで積雪調査を行っている．立山の積雪は，1960 年代から水資源としての研究などがなされているが，毎年のように縦穴を掘って雪サンプルを採取して化学解析するようになったのは 1994 年からである．この穴掘りは，毎回 20 t くらいの雪を人力で動かすことになり，相当な労力である．立山積雪研究会（代表：川田邦夫，富山大学）では，毎年春に積雪調査を行っている．この研究会には立山黒部一帯の雪崩研究もやっている立山カルデラ砂防博物館の飯田 肇や富山大学の川田邦夫など，「雪の専門家」の他に，「雪虫」のような雪氷圏生物を研究している東京工業大学の幸島司郎や大気の研究も行っている筆者たちなどが参加している．

　積雪調査では，積雪層構造の記載や雪粒子の観察，密度測定，雪温などを測定する．その後，積雪断面を 10 cm 程度削り，新たな断面を露出した後に，化学分析用の雪試料を採取する．積雪試料の採取には，サンプルを採取者が汚染しないように清純なポリエチレン製手袋を着用し，予め超純水で洗浄したステンレス製小型丸スコップを用いて，鉛直方向に 5 ないし 10 cm 間隔で均一量を削り取り，特殊な袋に入れて密封する．6 m の積雪深として，10 cm 間隔なら 60 個のサンプルである．雪試料の融解・再凍結による化学成分の変質を防ぐため，可能な限り雪試料は冷却した保冷材と共に発泡スチロール製容器に保管し，名古屋大学まで輸送・冷凍保管する．と，

書けば簡単そうだが，これがなかなか重くてかさばるので，毎回持って降りるのにひと苦労である．

こうして持ち帰ったサンプルを化学分析する．現在まで約5年分のデータが得られているが，ここではその一部を紹介しよう．

3．この積雪層はいつ積もったか？

積雪試料を解析しても，積雪深度と堆積時期の対応関係がわからない限り，冬季全沈着物質の記録としては意味がない．何月何日に雪の高さが何cmであったかを自動的に記録する測定器も設置しているが，思うように働いてくれるとは限らない．少し離れた場所では，そのような対応関係の記録があるのだが，積雪の積もり方が必ずしも同じではないので，参考にはなるが決め手にはならない．そこで，種々いろいろな状況証拠を積み上げて，「おおよそいつ頃堆積したか」を推定せざるを得ない．

図9.1に，室堂平積雪の堆積時期の推定例を示す（木戸ら，1997）．1994年4月の立山積雪の例では，富山大学で採取した降水中のNa^+濃度（a），積雪の圧密モデル[1]によって富山での降水量と気温から推定した室堂平での深度－時間関係（b），中部－西日本における大気塵象[2]と積雪中の汚れ層あるいは非海塩（nss）Ca^{2+}濃度（補遺：大気化学の基礎講座参照）との対応関係（dとe）から堆積時期を推定した．

冬季の季節風が強くてじゃんじゃん大雪が降るようなときには，日本海上で活発な雪雲が形成され対流混合層上端が高く，立山や富山平野での降水中海塩成分の（Na^+とCl^-）濃度も高くなる．図からわかるように，富山大学屋上で採取した降水中Na^+濃度の時系列変化（a）と室堂平の積雪中Na^+

---

1) 積雪の圧密モデル，2) 大気塵象：

圧密とは雪自身の重みや雪に加えられる力によって圧縮し，密度が増加する現象である．ここでは気温が0℃未満と想定し，ある降雪量の荷重が加わった後の密度変化（積雪高の変化）を見積もった．

大気塵象とは大気中に砂塵・チリなどの固体粒子が浮遊している現象．気象観測の大気現象の一部で，黄砂や煙霧などの総称．

濃度の鉛直プロファイル (c) は，非常に似た形をしていた．一方，降水中あるいは大気エアロゾル中の nss-Ca^{2+} 濃度は，砂漠からの土粒子，春先の黄砂粒子の影響下において高濃度になる．中部－西日本における大気塵象（煙霧・黄砂）について調べてみると，室堂平の積雪中の nss-Ca^{2+} ピークや目視観察による汚れ層は，各地で共通に観測されるような広範囲に起きた大気塵象イベントの沈着を記録している可能性が高い．

積雪の圧密モデルによるおおよその深度－日付対応を基にして (b)，上記の時間的対比関係を当てはめていくことで，積雪表面からの深さ 1，2，3，4 m の積雪層はそれぞれ 3 月中旬，2 月中旬，1 月末，1 月上旬に形成されたものであると推定され（図 9.1 の右端），4.8 m は 12 月下旬と推定される．

このように，各種パラメータの整合性を見ていくことにより，おおよそいつ積もったかということまでは推測がつく．

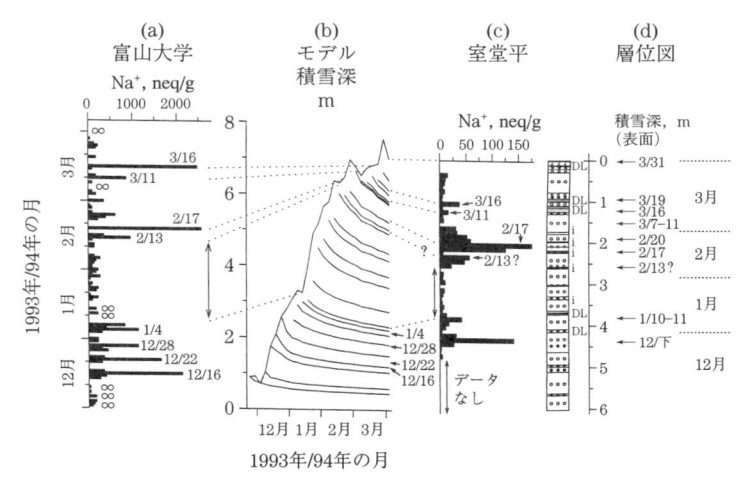

図 9.1 春季室堂平積雪の堆積時期推定例（木戸ら，雪氷，1997）
a は富山大学で採取された降水中の Na^+ 濃度で，濃度が高かった日付と伏木測候所での煙霧観測日（∞）を示す．b は，富山での降水量と気温を元にして推定した積雪モデルによる室堂平での積雪深と積雪層厚の変化，c は室堂平積雪中の Na^+ 濃度の鉛直分布，d は積雪層位図と推定した堆積時期を示す．d の DL は汚れ層，i は氷板を示す．

4. 融雪の影響

融雪とは文字通り雪が融けることだが，融けきる前に，積雪の温度が0℃になった時点で雪粒子表面は湿り，水溶性化学成分は流下・移動してしまう．もともと雪の結晶は尖った部分が多いのだが，積雪として埋没する過程で次第に丸みを帯びてくる．融雪が起きた後の雪粒子は，もっと丸みを帯びて，直径数ミリ程度の粒になる．気温が高かったり雨が降ったりすると，水が浸み，水溶性化学成分はもとの場所から移動あるいは変質してしまうので，積雪がたとえ10m残っていようとも，我々にとっては嬉しくない．

図9.2に示したのは，1997年11月19日（点線），1998年3月21日（実線）と4月26日（破線）に採取した室堂平での積雪中イオン成分濃度鉛直分布である．3回のプロファイルを地面を基準に重ねて図示しているので，11月のプロファイルは下部80cm程度（雪の圧密補正をしてある），4月の場合には4m程度のところまでとして図示されている．

下部1mでのプロファイルを比較してみると，前年の11月（点線）には海塩成分（Na^+とCl^-）に2つのピークがあるのに対し，3月や4月のプロファイルでは何れも消失している．これは11月下旬に気温が高く，積雪が一時的に0℃となり，水溶性成分が溶脱したためと考えられる．同様なことは3月と4月のプロファイルの比較でも見て取れる．例えば2m付近の海塩成分やSO_4^{2-}，Ca^{2+}濃度ピークはどれも4月のプロファイル（破線）にはあらわれていない．しかし，水不溶性ダスト重量は，4m以深では割と似たようなパターンが残っている．

表9.1に1998年3月と4月の積雪全層平均値をあげる．3月と4月とを比べると，積雪深が約30％しか減っていないのに，化学成分の方は平均値にして約1/2から1/8になっていることがわかる．このように，立山の場合，春になって積雪がいくら残っていようとも，一旦水が浸みた積雪では冬季全沈着物質の記録としての意味合いは水不溶性粒子を除いて薄れてしまう．したがって，山岳積雪を解析する際には，気温や雪温の変化，

層構造[3)]の氷板[4)]形成状態などを目安に「どのような温度履歴を経たか」を吟味した上で化学成分を見なければならない.

5. イオン成分の鉛直分布

さて上に示した例のうち，1998年3月の積雪（実線）が下部約1mを除いては冬季全沈着物質のアーカイブとして意味のある鉛直分布を示している．図の右端に示した堆積時期は3月の積雪について，上記の方法で推定したも

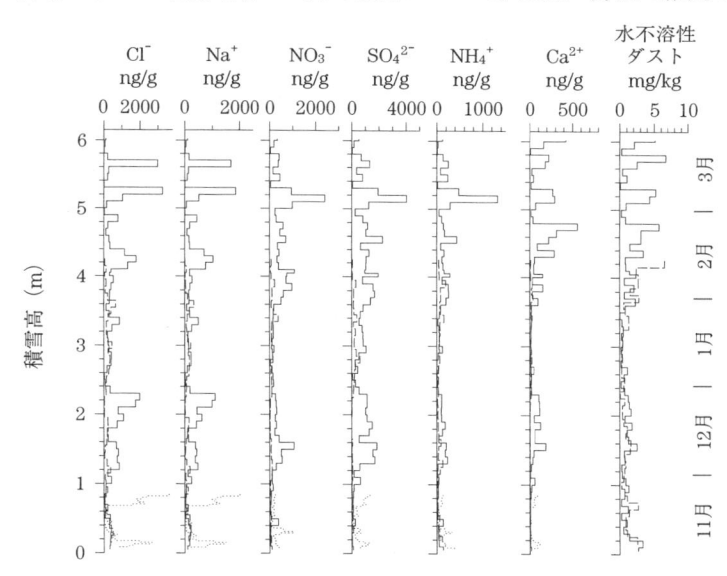

図9.2 室堂平積雪（1997年秋から1998年春にかけて）のイオン成分濃度
点線が1997年11月19日，実線が1998年3月21日，破線が1998年4月26日にそれぞれ採取した結果．

---

3) 層構造，4) 氷板：

層構造とは積もった雪の重なり具合を意味し，一連の降雪やその後の温度変化などによってさまざまな雪質（雪粒の形状や湿り気の程度）となり，雪質がある厚さを持って連続する様子をあらわす．

氷板とは，積雪内に形成される氷の層で，気温が0℃以上になったり日射によって積雪表面が暖められたりして雪が一旦融けた場合に形成される．

表9.1 立山の室堂平やヨーロッパ・アルプスなど高所の積雪中主要イオン濃度平均値．単位：ng/g，積雪深は cm．

例	場所（標高）	積雪深	Cl^-	NO_3^-	$nss\text{-}SO_4^{2-}$	Na^+	NH_4^+	$nss\text{-}Ca^{2+}$
1	立山 (2,450m)	602	535	356	766	297	132	72
2	立山 (2,450m)	#425	189	76	93	93	55	9
3	日本の平均値		2250	872	1852	1130	330	285
	フィエッシャホルン氷河 (3,890m)							
4	1946～1988年の平均値		53	167	317	29	80	95
5	同期間の冬の平均値		50	135	245	30	29	98
6	同期間の夏の平均値		58	210	438	31	128	107
7	グリーンランド・サミット (3,240m)		17	124	102	5	9	10
8	グリーンランド・クリート (3,172m)		14	70	30	8	5	7
9	南極点 (2,850m)		34	99	62	11	1	3

1：長田ら（2000），1998年3月21日．
2：長田ら（2000），1998年4月26日．
#：雪温が全層に渡り0℃であったことを示す．
3：原（1997），日本の降水全国平均値，1989年4月～1993年3月の期間．
4-6：Schwikowskiら（1999），フィエッシャホルン氷河（3,890m）．
7：Whithlowら（1992），グリーンランド・サミット基地（3,240m），1978～1987年の平均値．
8：Osada and Langway（1993），グリーンランド・クリート基地（3,172m），11世紀から18世紀までの平均値．
9：Whithlowら（1992），南極点（2,850m），1955～1988年の平均値．

ので，この時間軸を元に鉛直分布を季節変化として読み替えることができる．

ここに示した成分は，鉛直プロファイルの類似性から大きく3つのパターンに分けて考えることができる．図9.2の左側に示されている海塩成分（Na^+ と Cl^-）の濃度変化の特徴が，最高値/最低値比が100倍を越えるほど振幅が大きく，さらにひと冬に際だったピークが数回あることだ．もう一つのグループは，右端の不溶性粒子に代表される黄砂のような地殻起源物質である．図中では Ca^{2+} が不溶性ダスト濃度の変化と良く似ている．これらは春先にかけて濃度が増加する傾向にあり，地上での黄砂や煙霧の観測頻度が2月から増え始めて3～5月に最も頻発することと一致する．一方人為的に大量に放出され得る NO_3^- や SO_4^{2-}（なかでも $nss\text{-}SO_4^{2-}$ について），NH_4^+ の場合には，濃度が初冬季にも春先にも全体的に高目で，春先にかけ

て若干上昇傾向となる．興味深いことに酸性雨に関係する化学成分は，nss-Ca^{2+}濃度の深度分布とも若干類似しており，黄砂粒子のように，あるいは黄砂粒子と共にアジア大陸からの長距離輸送によってもたらされている可能性もある．また，nss-SO_4^{2-}とNH_4^+の当量比を取ってみると，冬には2以上だが春に向けて値が低下し，概ね1に近くなる傾向を示す．

　これらの季節推移の傾向は，各種起源物質のソース強度，輸送過程や輸送途中での変質過程などを反映した結果を見ていることになる．

6. 日本の降水やヨーロッパ・アルプス，極地との比較

　表9.1には，室堂平や日本の降水平均値の結果と共に，アルプスやグリーンランド，南極点での結果もあげてある．日本の降水の化学成分濃度の年平均値は環境庁の実施した酸性雨対策第2次調査の結果である．厳密に言えば，同じ季節あるいは同じ期間の比較が望ましいが，おおよその傾向はわかるであろう．全国各地の年平均値と室堂平の冬季全層平均値とを比較すると，3月の積雪ではどのイオンでも下界の半分以下の濃度で，4月の積雪では10分の1以下である．このように，室堂平の積雪は平野部に降る降水に比べると，どのイオンでも濃度が低い．

　標高が高ければ世界各地でどこでも同じかというと，そうでもない．スイスのフィエッシャホルン氷河を掘削して得た試料の解析結果によると，nss-Ca^{2+}だけが同程度で，標高の高いスイス氷河では海塩成分で約1/10，酸性成分（NO_3^-とnss-SO_4^{2-}）では約半分になっている．ヨーロッパ・アルプスでは，まるで日本が受ける黄砂の影響のように，サハラ・ダストの影響を受けてnss-Ca^{2+}濃度が急増する現象も報告されている．そのためか，立山とほぼ同じnss-Ca^{2+}濃度であるのがなんだか愉快でもある．海塩成分濃度は，標高や海岸からの距離に応じて指数関数的に減少するといわれており，なるほどスイス氷河では濃度が低い．ヨーロッパ・アルプスでは，人為的汚染の影響が夏により大きくて，冬にはさほどでないといわれている．確かにNO_3^-についてグリーンランドのサミット基地での値と比較すると，スイス・アルプスの冬の平均値と近い．逆にスイス氷河の夏のNO_3^-濃度は，

立山の3月の値とたいして違わない．

　ところで，ヨーロッパ・アルプスやグリーンランドでは，産業革命以前に降った雪ではもっと酸性物質の濃度が低く（クリート基地の例を参照），南極点では現在でも酸性物質濃度は低いままである．日本でも立山に夏も融けない氷河が残っていれば，日本や近隣諸国の工業化に伴う酸性物質濃度の変化が追えたかもしれないが，今からでも今後どうなって行くのか，継続したモニタリングが必要だろう．

　最後に，室堂平での現地調査には立山積雪研究会の面々をはじめ，立山自然保護センターや立山室堂山荘，立山黒部貫光株式会社，ホテル立山，立山カルデラ砂防博物館など，たくさんの方々にご協力を頂きましたことを記して，お礼に代えさせて頂く．

（長田和雄・木戸瑞佳）

引用文献

Fuzzi, S. and D. Wagenbach eds., 1997 : Cloud multi-phase processes and high alpine air and snow chemistry, EUROTRAC vol. 5, Springer, 286pp.

原　宏, 1997：日本の降水の化学，日化誌，**11**, 733 - 748.

木戸瑞佳，長田和雄，矢吹裕伯，飯田　肇，瀬古勝基，幸島司郎，対馬勝年，1997：立山・室堂平の積雪における積雪層の堆積時期の推定，雪氷，181 - 188.

Osada, K. and C. C. Langway, Jr., 1993 : Background levels of formate and other ions in ice cores from inland Greenland, *Geophys. Res. Lett.*, **20**, 2647 - 2650.

長田和雄，木戸瑞佳，飯田　肇，矢吹裕伯，幸島司郎，川田邦夫，中尾正義，2000：立山・室堂平の春季積雪に含まれる化学成分の深度分布，雪氷，**62**, 3 - 14.

Schwikowski, M., S. Brutsch, H. W. Gaggeler and U. Schotterer, 1999 : A high-resolution air chemistry record from an Alpine ice core : Fiescherhorn glacier, Swiss Alps, *J. Geophys. Res.*, **104**, 13709 - 13719.

Whitlow, S., P. A. Mayewski and J. E. Dibb, 1992 : A comparison of major chemical species seasonal concentration and accumulation at the South Pole and Summit, Greenland, *Atmos. Environ.*, **26A**, 2045 - 2054.

参考文献

菊池勝弘,大畑哲夫,東浦將夫,1995:「降雪現象と積雪現象,基礎雪氷講座II」,古今書院,272pp.
降雪の形成過程から日本の積雪環境まで広く網羅されている.
溝口次夫 編著,1994:「酸性雨の科学と対策」,日本環境測定分析協会,321pp.
一部に日本の雪の化学成分についても触れられており,酸性雨研究のいろいろな側面を網羅している.
名古屋大学大気水圏科学研究所 編,1991:「大気水圏の科学-黄砂」,古今書院,328pp.
日本の春の大気・降水を特徴づける黄砂に関しての研究がまとめられている.

大気エアロゾルの化学に関する参考文献

大気エアロゾル粒子の物理的・化学的な基礎知識は多岐に渡るため,「大気化学基礎講座」ではほんの一部しか取り上げることができなかった.さらに深く学ぶには,以下の図書が参考になる.
大喜多敏一,1981:「大気保全学」,産業図書,254pp.
高橋幹二 編著,1984:「応用エアロゾル学」,養賢堂,328pp.
本間克典 編著,1990:「実用エアロゾルの計測と評価」,技報堂出版,310pp.
エアロゾルの基礎から,測定・採取を行う際の原理や機器について,実用に役立つようにまとめられている.

b. 北半球中緯度を代表する自由対流圏エアロゾル

1. はじめに～なぜ山か？なぜ立山か？～

　大気中には海塩，土壌粒子，汚染物質や有機物からなるエアロゾル粒子が存在する．大気中のエアロゾル粒子の発生源は主に地表付近である．一般に，エアロゾル粒子の濃度は地表付近で高く上空へいくにつれて減少し，高度約2 km以上の自由対流圏内では地表付近の濃度の約10分の1となる．

　自由対流圏中のエアロゾル粒子は，雲が形成されたり長距離輸送されやすい高度であるために，地球環境や気象・気候変動に影響を与える．大気中のエアロゾル粒子の濃度や粒径分布，化学組成は雲核形成や降水過程，放射収支，降水の酸性化（酸性雨，酸性雪）に影響する重要な要素である．環境や気候への影響評価を行うためには，自由対流圏エアロゾル粒子の濃度や粒径分布，化学組成についての長期間の時系列データが不可欠である．

　自由対流圏エアロゾル粒子を採取するためには，高いところへ行かなければならない．そこで，航空機による観測や標高の高い山岳域での観測が行われている．自由対流圏の高度にあって汚染源から離れている山岳域は，自由対流圏エアロゾルを長期間モニタリングする場所として有用であると考えられる．しかし，実際には商用電源が確保できて標高の高い山岳域は少ないし，積雪と厳しい気象条件のため冬季に入山・観測の可能な場所はきわめて限定される．その点，立山・室堂平（標高2,450 m）は4月末から11月末まで公共交通機関（立山黒部アルペンルート）を利用して自由対流圏の高度まで容易に達することができる．立山黒部アルペンルートの途中にある室堂平は，夏や秋には大勢の観光客や登山客でにぎわっているので，きれいな空気を採取するのにはあまり向かないかもしれない．一方，冬季から春季の室堂平付近に人はほとんどいないし，地表面は積雪で覆われているので，局所的な汚染物質や土壌，植物の影響はきわめて少ないはずである．さらに，立山・室堂平は飛騨山脈の西側（日本海側）にあるので，北西季節風の卓越する冬季には，東日本の汚染の影響を受けにくいと考えられ

る.そのため,立山・室堂平は北半球中緯度における自由対流圏エアロゾルのモニタリング地点として望ましい場所と考えられる.

そこで,我々は1995年以降の11月と4月に,立山山域でエアロゾル粒子や水可溶性気体,降雪の採取を行っている.ここでは,初冬季に立山・室堂平で採取した大気エアロゾル粒子と気体中の化学成分濃度について紹介する.

2. 大気エアロゾル粒子と気体成分の採取

立山・室堂平での1996年11月11～24日に行った観測結果の一部を紹介する(Kidoら,2000).観測期間中は概ね西風が卓越していた.ポンプで大気を吸引して,大気中のエアロゾル粒子をフィルター上に捕集した.気体成分の捕集には,溶液を染み込ませたセルロースろ紙を用いて,気体成分を化学吸着させた(含浸ろ紙法という).大気試料は3～13時間の間隔で,1日に2～4回のサンプリングを行った.得られた大気試料は保存中に汚染されないように密封して大学へ持ち帰り,化学実験室で試料に超純水を加え水溶性成分を抽出して,イオンクロマトグラフ法で化学分析を行った.

3. 初冬季の室堂平における大気エアロゾル中の化学成分濃度

図9.3に1996年11月に得られた大気エアロゾル粒子中のNa^+やCa^{2+},SO_4^{2-},NH_4^+と,水可溶性気体のSO_2やNH_3の濃度の時系列変化を示す.単位はng/m^3で,0℃,1気圧の大気$1 m^3$での値である.図の横軸下の日付が書かれている点は,夜中の0時を示す.折れ線グラフの横幅はサンプリング時間に相当し,グラフが途切れているところは大気試料を採取しなかった期間である.図中の*は降雪や飛雪(地吹雪)のあった期間を示す.

エアロゾル粒子中のNa^+は海塩成分である.Ca^{2+}は黄砂などのダストイベントの時に濃度が高くなると報告されており(金森ら,1991;Moriら,1999),土壌成分と考えられる.SO_4^{2-}は大気エアロゾル粒子中で主要な(濃度の高い)成分であった.エアロゾル粒子中のSO_4^{2-}とNH_4^+濃度の時系列変化はよく似ていた.

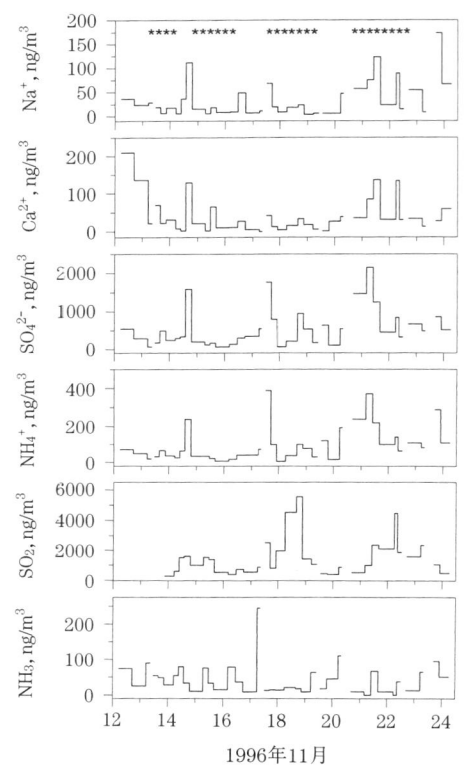

図9.3 1996年11月に立山・室堂平で得られた大気エアロゾル粒子および気体中の化学成分濃度の時系列変化

図の横軸下の日付が書かれている点は，夜中の0時を示す．＊は降雪・飛雪期間を示す．

降雪が始まると大気中エアロゾル粒子中のイオン濃度は低くなる傾向があった．これは，降雪によって大気中のエアロゾル粒子が取り込まれたためと考えられる．

4．大気エアロゾル中の化学成分濃度の日内変動

例えばNH_3濃度の時系列変化を見ると，濃度は夜中の0時付近で低く昼間に高くなっている．他の成分についても，エアロゾル粒子と気体中の化学成分濃度は，昼間に高く夜間に低い傾向がみられた．日内変動が顕著に見られたのは，主に人為的汚染成分と考えられるSO_4^{2-}やNH_4^+，SO_2，NH_3濃度であった．

9章 立山—空の汚れ雪に聞く

およそ17:00から翌朝6:30までの間に採取された試料を夜のデータ、残りを昼のデータとして、大気エアロゾル粒子中の総イオン濃度を昼と夜とに分けて示したのが図9.4である。縦長の長方形は得られた値の25～75％の範囲を、長方形内部の横線は中央値を示す。エラーバーは10～90％の範囲を、○は範囲外のデータをあらわす。エアロゾル粒子中の総イオン濃度の変動範囲は、昼間は0.18～3.1 μg/m^3（中央値：0.80 μg/m^3、平均値：1.1 μg/m^3)、夜間は0.19～1.0 μg/m^3（中央値：0.56 μg/m^3、平均値：0.59 μg/m^3）であった。昼と夜とで総イオン濃度の最低値はあまり変わらないが、昼間には全体的にイオン濃度は高くて、しかも変動範囲が大きかった。一方、夜間には総イオン濃度が低くて変動範囲は小さかった。

立山・室堂平におけるエアロゾル粒子や気体中の化学成分濃度の日内変動の原因は次のように考えられる。山岳域では日中、山腹が日射で熱せられて上昇気流が起き、それを補う形で風は平地から山に向かって吹く（谷風）。標高の高い室堂平でも昼間には人間・工業活動の活発な平野部の汚染大気の影響を受けて、化学成分濃度は高くなると推測される。上昇気流の

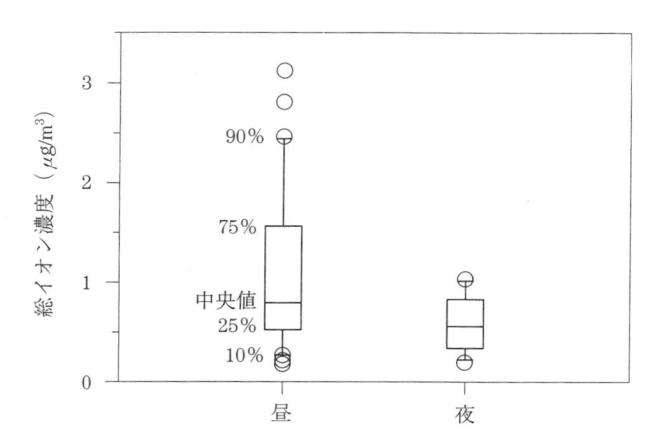

図9.4 立山・室堂平における1996年11月の昼と夜の大気エアロゾル粒子中の総イオン濃度
縦長の長方形は得られた値の25～75％の範囲を、長方形内部の横線は中央値を示す。エラーバー（縦線）は10～90％の範囲、○は範囲外のデータである。

強さは日によって差が大きいため，昼間の濃度変動範囲は大きくなるのだろう．一方，日没後は山腹が放射冷却されて，風は平地に向かって吹く（山風）．平野部の大気はもたらされず，上空から大気が下りてくるために夜間の化学成分濃度は低くなると考えられる．上空からの沈降性の大気中のエアロゾル濃度は比較的均一であるため，夜間の濃度変動範囲は小さくなるのだろう．他の高山域（例えばハワイのマウナロアやスイス・アルプスのユングフラウヨッホ）でも，よく似た大気エアロゾル粒子濃度の日内変動が観測されている．

5. 自由対流圏での他のデータとの比較

「立山・室堂平で夜間に得られたエアロゾルは自由対流圏のエアロゾルといってもよいのか？」「自由対流圏のエアロゾルは広域的に均一なのか？」を調べるために，立山・室堂平で夜間に得られたデータを他の自由対流圏でのデータと比較する．立山・室堂平や富士山（標高3,776 m：坪井ら，1996）と共に，北半球中緯度にあるハワイのマウナロア（3,400 m：Galasynら，1987）やスイス・アルプスのユングフラウヨッホ（3,450 m：Nyekiら，1996）で得られた大気エアロゾル粒子中の化学成分濃度を図9.5に対数表示で示す．同じ季節や期間との比較をすべきであるが，自由対流圏での観測結果は限られている．そこで，立山・室堂平より高い標高にあり，大気塵象イベントの影響のない結果を選んだ．図9.5の左側には都市域での観測例として，名古屋（金森ら，1991）と富山（安念ら，1993）の濃度をあわせて示す．立山・室堂平など*をつけたデータは中央値で，それ以外は平均値を示す．

立山・室堂平におけるCl^-濃度の中央値と濃度変動範囲は昼と夜とであまり変わらないが，それ以外の成分は昼より夜の方が低濃度でかつ変動範囲は小さい．都市大気と比べると，立山・室堂平で採取されたエアロゾル粒子中の化学成分濃度は，昼夜を問わず，都市大気中の濃度より約1桁低くなっている．富士山の観測結果は夜間（22：00～翌6：00）の試料の平均値であるが，立山・室堂平の夜間の濃度範囲より濃度の高い成分があるのは，短

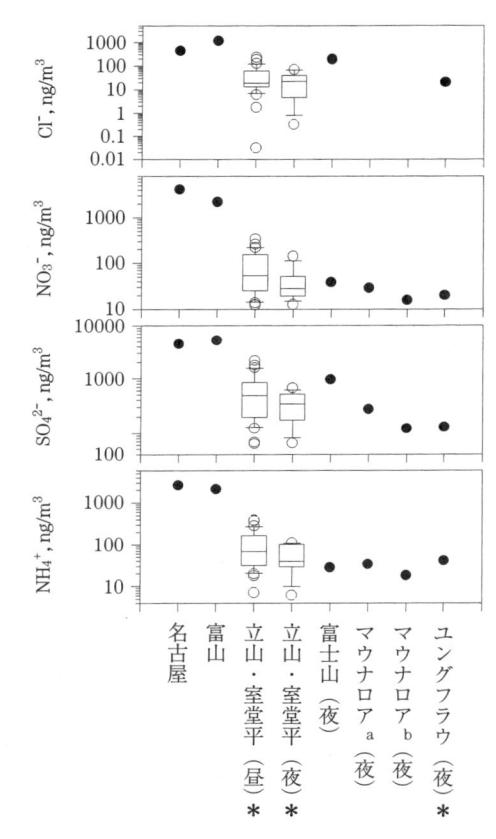

図9.5 立山・室堂平や富士山,北半球中緯度の山岳域と都市域における大気エアロゾル粒子中の化学成分濃度平均値

*は中央値を示す．観測期間は，名古屋：1987年1月，富山：1992年11月，立山・室堂平：1996年11月，富士山：1993年7〜8月，マウナロア：(a) 1985年2月，(b) 1985年10月，ユングフラウヨッホ：1995年9月．

期の観測だったためかもしれない．観測年や季節は異なるけれども，マウナロアやユングフラウヨッホで得られている大気エアロゾル粒子中の化学成分濃度は，立山・室堂平での夜間の濃度範囲内に入っており，しかも立山・室堂平の中央値とよく似ている．このように，大気塵象イベントがない時の北半球中緯度自由対流圏におけるエアロゾル粒子中の化学成分濃度は，広域的に見て比較的均一であることが示唆される．夜間の立山・室堂平は自由対流圏エアロゾル粒子を採取するのに適した場所であるといえる．

6. おわりに

これまで北半球の自由対流圏における通年の大気観測は，ハワイとスイス・アルプスなど限られた場所でしか行われておらず，立山・室堂平は世界でも注目を集めるモニタリング地点となるだろう．

また，立山・室堂平における大気試料の採取の際には，立山室堂山荘の皆様に大変お世話になった．

（木戸瑞佳・長田和雄）

引用文献

安念　清，坂森重治，近藤隆之，藤谷亮一，1993：富山県における酸性雨の生成メカニズムに関する研究（第2報），富山県公害センター年報，**21**，102－120.

Galasyn, J. F., K. L. Tschudy and B. J. Huebert, 1987 : Seasonal and diurnal variability of nitric acid vapor and ionic aerosol species in the remote free troposphere at Mauna Loa, Hawaii, *J. Geophys. Res.*, **92**, 3105－3113.

金森　悟，金森暢子，西川雅高，溝口次夫，1991：黄砂の化学像，「大気水圏の科学－黄砂」，名古屋大学大気水圏科学研究所 編，古今書院，124－156.

Kido, M., K. Osada, K. Matsunaga and Y. Iwasaka, 2000 : Diurnal variation of ionic aerosol species and water-soluble gas concentrations at a high elevation site in the Japanese Alps, *J. Geophys. Res.*, 印刷中

Mori, I., Y. Iwasaka, K. Matsunaga, M. Hayashi and M. Nishikawa, 1999 : Chemical characteristics of free tropospheric aerosols over the Japan Sea coast : aircraft-borne measurements, *Atmos. Environ.*, **33**, 601－609.

Nyeki, S., U. Baltensperger and M. Schwikowski, 1996 : The diurnal variation of aerosol chemical composition during the 1995 summer campaign at the Jungfraujoch high-alpine station (3454m), Switzerland, *J. Aerosol Sci.*, **27**, S105－S106.

坪井一寛，細見卓也，土器屋由紀子，堤　之智，柳沢健司，田中　茂，1996：富士山頂のエアロゾル，ガスおよび降水の化学成分－1993年7月27日～8月3日の観測について－，エアロゾル研究，**11**，226－234.

10章 富士山頂での観測

a. オゾンの観測

1. 対流圏中のオゾンとは

　対流圏中でオゾン（O_3）は，大気中の化学反応を起こす鍵となる物質を作り出す重要な役割を果たしている．その対流圏オゾンの起源は，大きく分けて都市域の大気境界層内における窒素酸化物，炭化水素，一酸化炭素（CO）などからの光化学的な生成と成層圏からの輸送の二つである．しかも，その寿命は環境や季節によって数時間から100日以上と大きく変わるため，対流圏中の濃度は場所や高度によって大きく変わる．その対流圏でO_3を測定するということは，人為的汚染が大気に及ぼす影響の指標の一つとして大気環境を監視する意味と，他の成分の観測と合わせることによって，もっと詳しく大気中での化学物質の挙動とその反応を解明しようという二つの意味がある．

　一般に大気境界層内では地上起源のいろいろな物質が蓄積しやすく，その中で反応性の物質は日射や地面と反応して短い時間で生成消滅を起こす一方，大気境界層内の風は自由対流圏に比べると比較的弱く，海陸風のように時刻によって風向が逆に変わったりする．そのために，大気境界層内の風による反応性物質の放出源からの最終的な移動距離は，一般的にそう遠くにはならない．例えばO_3の分布は大気境界層内では局地的になりやすく，大気境界層内では放出源から高濃度のまま数100 km以上も遠くへ輸送されることは少ない．

　一方，自由対流圏は一応物質循環的に大気境界層内とは隔てられていると考えることができる．そして自由対流圏中では低温や低湿度，反応性の物質の減少により，化学反応による変動は比較的緩やかになる．ゆえに一般に多くの反応性物質の寿命が延びて輸送過程と対比できる程度になる．また自由対流圏では地上に比べると強くて持続的な風が吹いている．その

結果，後の5節で述べるような輸送メカニズムによって一旦大気汚染物質が自由対流圏へ入り込んでしまえば，長距離輸送によって放出箇所とは数1,000 kmも離れた遠隔地にその影響を及ぼす可能性がある．また気団や空気の起源の違いによって，自由対流圏中のO_3等の各種反応性物質の濃度は大きく異なることにもなる．

O_3を含めて自由対流圏での各種化学成分を，継続的にあるいは全球的に測定するのは簡単ではない．大気境界層内の観測であれば，地上に多数の観測点を展開して，ある程度直接観測を行うことが可能である．また成層圏は衛星からのリモートセンシング技術を使って全球的な把握が進んでいる．ところが，自由対流圏の場合，全球的な分布を即時的に把握するためのうまい方法がない．例えばO_3をとってみると，成層圏オゾンを含むオゾン全量（地表から宇宙空間までのオゾン量の総和）は，オゾンホールの図に見られるように衛星搭載のTOMS (Total Ozone Mapping Spectrometer) によって全球分布図を観測することができる．しかし，対流圏オゾンは成層圏も含めたオゾン全量の1割以下しかないため，現状では対流圏オゾンのみをTOMSを使って精度良く観測することはできない．他にもいろいろ衛星から対流圏オゾンを測定する手法が試みられているが，定常的に全球的な分布を観測する方法はまだ確立されたとはいえない状況である．

現在のところ自由対流圏の化学成分を観測する手段としては，観測頻度が間欠的なゾンデか，一度に広域を測定できるが高額な経費がかかる航空機を用いるか，あるいは限られた高所山岳に観測点を設置するしか方策がない．自由対流圏での大気化学は，大気重量の約7割を占めながら観測の不足によりその実態や変動の解明が進んでいないのが現状である．それゆえ，高所山岳に観測点を設けて定常的に観測を行うことは，自由対流圏での化学物質の監視・挙動の把握にきわめて重要な意義がある．

2. 富士山でのオゾン観測

気象庁気象研究所によって，富士山測候所（3,776 m）の協力のもとに1992年8月から対流圏オゾンの連続観測が行われている．観測は山頂付近

の空気を測候所の測風塔に設置した空気取り入れ口から室内にテフロンチューブによって空気を導入し，オゾン計によって分析が行われている（Tsutsumiら，1994）．O_3濃度の測定には，O_3が254 nmに強い吸収線を持つことを利用した紫外吸光法が用いられる．

　観測資材は夏の間にブルドーザーによって山頂へ上げられるが，10月頃から翌5月頃までは積雪のためブルドーザーは使えない．その間物資は，山頂勤務員の交代時に徒歩で携行するしかないから重量物は運べなくなる．何か機器にトラブルがあったときに，時期によっては対処できないことが起こりうることが難点である．また晩冬期から春にかけては空気取り入れ口が着氷して塞がれる恐れがあるので，山頂勤務員によって着氷を叩き落としてもらわなければならない．空気を導入しているチューブも放っておくと中に入り込んだ雪が貯まって詰まるので，数年に一回夏に水抜きをする必要がある．

　以上のような困難はあるが，これまでの観測からほぼ自由対流圏中の空気をサンプリングできていることがわかっている．ただ富士山といえども山である以上，山岳気象に影響されることは不可避である．とくに山谷風によってO_3濃度が影響されることがわかっている．例えば地表に強いO_3の放出・生成源が無い状態では，成層圏の影響により対流圏オゾンは上空に行くほど濃度が高くなる．ゆえに下降流である山風に影響される夜間は濃度が高くなり，上昇流である谷風に影響される昼間は濃度が低くなることになる．

　ハワイのマウナロア山の標高3,400 m付近においてもやはりO_3観測が行われている（Oltmansら，1994）．マウナロアは標高1,000 m以上の領域が山頂から半径30 kmほどもある大規模な山であり，これは山谷風を励起する放射の影響面積が広く，山谷風を励起する力が大きいことを意味する．しかし，富士山は急峻な孤立峰であり標高1,000 m以上の領域でみるとせいぜい半径10 km以下しかない．山谷風の影響の強さは，山頂におけるO_3日変動の濃度振幅を見ればある程度推定することができる．実際，富士山頂での山谷風によると考えられるO_3の日濃度振幅は，マウナロアのそれに比

べて6分の1以下でしかない．これからも富士山頂は山谷風の影響が少なく，自由対流圏の観測点として良好な環境にあることがわかる．

3．富士山頂のオゾンの季節変化

富士山頂での O_3 の季節変化はどうなっているであろうか？図10.1に富士山頂の O_3 濃度の月別変化を示す．1節で述べたように，自由対流圏中の O_3 濃度は，気団の変化による変動が大きく寄与している．しかし，季節変化の原因となると気団の違いだけでなく，気団そのものの季節変化も加味して考えなければならない．冬の日本付近は主に西風による大陸性の気団に覆われる．冬は太陽日射の減少により光化学反応による O_3 生成が不活発となるため，図10.1に示すように冬季に O_3 濃度が下がる．同時に強い西風によって気団自身が強くかき混ぜられるため，O_3 濃度の変動はきわめて小さい．冬から春にかけて O_3 濃度は増加し，5月に最大を記録する．この冬から春にかけての増大は，富士山だけでなく世界的に都市部を除く北半球中緯度で見られ，日射の増加による O_3 の光化学生成の増加と成層圏オゾンの流入増加の二つの原因が考えられている．

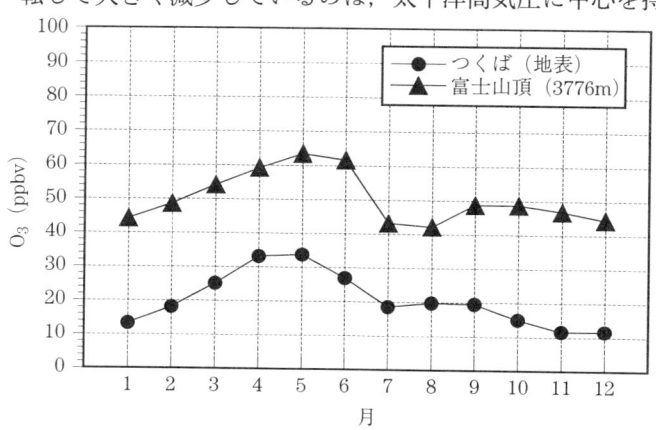

夏に一転して大きく減少しているのは，太平洋高気圧に中心を持つ海洋

図10.1　富士山頂と地表（つくば，気象研究所構内地上1.5m）の1993年1月から1995年12月までの平均の O_3 濃度月別変化．

性気団が日本付近に張り出してくるためである．一般に熱帯性の湿った海洋性気団内では，海洋上に O_3 の生成源が無い上に強い日射の下で水蒸気との反応によって O_3 が壊されるので，O_3 濃度は低い．ただ，そのような気団中でも，地上から一旦 O_3 の原料となる窒素酸化物や炭化水素類が放出されると，強い日射によって高濃度の O_3 を発生することがある．図 10.1 に同時につくばの地表での月別 O_3 濃度を示すが，7，8 月は平均の O_3 濃度は低い．しかし図には示していないがその標準偏差は大きい．これは日によっては光化学生成による 100 ppbv 近い高濃度の O_3 が発生することがあるためである．そのような局所的な変動を除けば，地表付近での破壊反応により O_3 濃度は若干低くなるものの，図 10.1 に示すようにつくばの地表での O_3 の月変化は富士山頂の O_3 月変化と似ている．これは，自由対流圏の O_3 濃度が地表の O_3 濃度に大きな影響を及ぼしていることを意味している．

4．オゾンに関する特殊現象の山頂での観測

対流圏オゾンの起源の一つとして成層圏からの輸送がある．その典型的

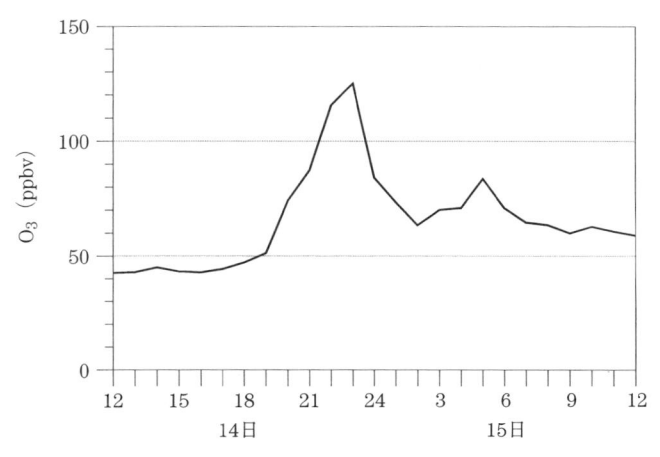

図 10.2　1993 年 5 月 14 日夜半から 15 日にかけて，トロポポーズフォールディングが通過した際の富士山頂での O_3 の時刻変化

な輸送メカニズムの一つとしてトロポポーズフォールディング「圏界面の折れ込み」と呼ばれる現象がある．ジェット気流の蛇行によって，ジェット気流の下方に成層圏空気が対流圏中層まで直接流入する現象である．これは地表までは届かず，また起こる空間スケールが小さいので，直接観測することはなかなか難しい．しかし高所山岳による連続観測ならば捉えることが可能である．図10.2 に 1993 年 5 月 14 日の夜半から翌日早朝にかけて富士山頂で捉えたトロポポーズフォールディングの例をあげる．O_3 濃度は 19 時から突然上昇し始めて 23 時には 120 ppbv を超えた．ただこの濃度はあくまで相対値であり，山頂は気圧が地表より低いので，O_3 の絶対量は地表での同じ値よりかなり低い．

その時の気象庁全球客観解析データによる渦位の分布を図 10.3 に示す．渦位*) とは力学的な概念ではあるが，数日の時間スケールでは保存量と考えて良いので，この場合は空気の性質をあらわしているといい換えられる．一般に成層圏では対流圏より渦位の値がかなり大きいので，渦位の高い空気ほどより成層圏的な空気，つまり乾燥していて成層圏起源の O_3 や Be-7 などを多く含むと考えて良い．この図からこの日の場合，北緯 40 度付近の上空 300 hPa（高度約 9 km）付近からジェット気流の北側に沿って，成層圏の空気が富士山頂付近（北緯 35 度，650 hPa）へ流れ込んできていることがわかる．それによって，短時間ながら富士山頂において急激な O_3 濃度の上昇が起こった．この現象は高・低気圧の移動に伴って起こることが多く，春と秋に時折見られる．

成層圏オゾンは自由対流圏中の O_3 の収支に深くかかわっており，成層圏オゾンの対流圏への寄与を見積もるためにトロポポーズフォールディングのもっと詳しい解明が待たれている．事例解析によって個々の詳しい構造

＊）渦位：

渦位は大気の性質を表す保存量で，高低気圧の動きや振る舞いを捉えるのに役立つ．また，成層圏の大気で値が高いので，対流圏に沈降してきた成層圏起源の空気塊を捉えるのに役立つ．詳しくは Danielsen ら (1987) や気象予報の物理学 p.148 を参照して欲しい．

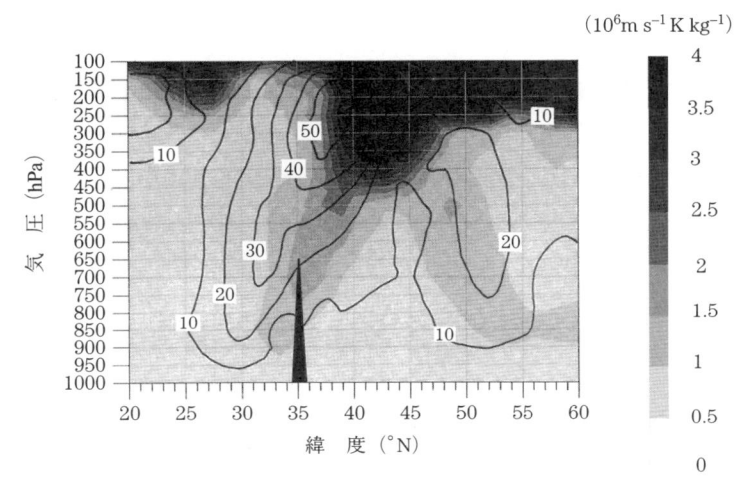

図10.3 1993年5月14日21時の気象庁全球客観解析データによる東経140度に沿った渦位（$\times 10^6$ m^2 s^{-1} K kg^{-1}）と風速（実線・m/s）の緯度高度断面図 黒い三角は富士山の位置.

を調査するには航空機観測の方が向いているが，頻度や強度などの長期にわたる系統的な解析には高所山岳の方が向いており，高所山岳による観測はその解明にも貢献できる可能性がある．

5. 大気境界層の自由対流圏への影響

1節において，大気境界層と自由対流圏は物質循環的に隔てられていると書いたが，物質の交換が全く行われていないわけではない．3節で示したように，長期的に平均して見ると大気境界層上端での交換を通して，自由対流圏オゾンは地表へ輸送されているようである．また日々の気象状況に応じて，地表から放出された物質が大気境界層を抜けて，自由対流圏まで輸送されることが起こり得る．

気象研究所によって1997年8月に富士山頂において17日間にわたってO_3とCOの同時観測が行われた．COは，その放出源の一つとして地上から放出される車や工場からの排気ガスが知られている．山頂での観測の結

果，山頂が西風の時に夕方17時から19時にかけてO_3とCOのピークが見られることがわかった（Tsutsumi and Matsueda, 2000）．O_3がCOと同時に増加していることは，O_3の増加が汚染起源の光化学生成であることを示唆している．もしこのO_3とCOのピークの原因が山岳気象による山麓からの輸送であれば，谷風の卓越と共に12〜15時頃にピークが見られるはずであり，夕方のピークは山岳気象による解釈では不可解な現象である．しかしその時の風の解析から，昼頃名古屋上空を通過した風が，夕方富士山へ来た時にO_3とCOがピークを示すことがわかった．これは，名古屋の都市部で放出されたCOや光化学的に生成されたO_3が，昼頃日射により熱せられて大気境界層上端を突き抜けて自由対流圏まで上昇した後，自由対流圏中の西風に乗って，富士山頂へ輸送されて来たと解釈される．このように，大気境界層内の物質を自由対流圏へ輸送するメカニズムとして，例えばプリュームやサーマルと呼ばれる強い熱対流による自由対流圏への注入や，大気境界層上端に発生した積雲内の対流によって大気境界層内の物質が自由対流圏へ輸送されるようなメカニズムが考えられる．

6. 自由対流圏の環境監視について

　上の節で示したように，都市域で放出された汚染物質が自由対流圏へ持ち上げられることがあることもはっきりした．先に述べたように，一旦自由対流圏へ入ってしまった大気境界層内の物質は，自由対流圏内の比較的遅い反応による長寿命化と速い風速によって，放出域から遠く離れた全く別の場所まで運ばれ得る．

　ヨーロッパでは，20世紀後半になってユングフラウヨッホ（Jungfraujoch, 3,450 m），アローザ（Arosa, 860 m），ツークスピッツェ（Zugspitze, 2,962 m），ヴァンク（Wank, 1,776 m）などの高所山岳の観測点でオゾン観測が行われた．図10.4に示すようにそれ以前に行われた山岳での観測結果との比較およびオゾンゾンデのトレンドにより，1980年代にヨーロッパでは地表だけでなく対流圏中部を含むO_3の増加が問題になった（Bojkov, 1988）．当時ヨーロッパは，車社会化や工業化により窒素酸化物

である NO_X の放出が 1955 年から 1985 年までに約 4.5 倍に増加していたのである．しかしヨーロッパでも排気ガス規制が行われた結果，1980 年代後半以降 O_3 の増加ははっきりしなくなっている．

　日本では 1983 年から 1987 年にかけて，八甲田山腹や大台ヶ原で O_3 が測定されたことがある（Tsuruta ら，1989）．しかしその時はとくに増加は報告されていない．ところが 1990 年前後から東アジア域の産業や交通はめざましく発達した．韓国や中国東海岸を含む東アジア域の工業化や車社会化による窒素酸化物の放出量の増加は年 4 ％に達するとされている（Kato and

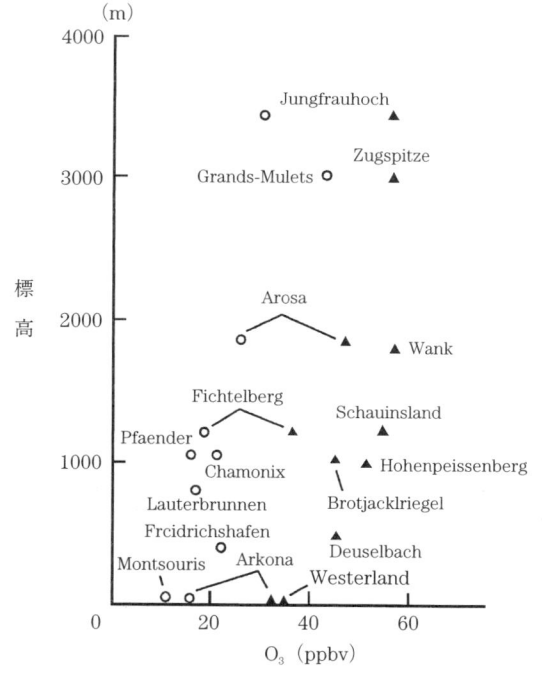

図 10.4　高所山岳での観測を含むヨーロッパでの 19 世紀末から 20 世紀前半（○印）と最近（1988－1991）（▲印）の高度別 O_3 濃度．英文は地名（山名）を表す
(Reprinted from Atmospheric Environment, 28, Staehelin *et al*., Trends in surface ozone concentrations at Arosa (Switzerland), 75－87, Copyright (1999), with permission from Elsevier Science)

Akimoto, 1992). これは, 10年で1.5倍の放出量増加に相当する. そのうえ巨大人口を抱える中国は, 21世紀初めにも車社会に突入しようとしている. 中国が車社会化した場合の市場はアメリカとヨーロッパを合わせたよりも大きいという予測もある. 日本付近は偏西風による西風が卓越することが多く, もし東アジアで無規制のままに窒素酸化物や硫黄酸化物の放出量が増加すると, 風下に当たる日本でも長距離輸送されてきた物質による酸性雨や光化学スモッグなどの影響の可能性が考えられる. オゾンゾンデによる間欠的な測定(月に数回)ではあるが, 実際に日本上空で年約2％程度O_3が増加しているという報告がある(Akimotoら, 1994). 1992年から1996年までの富士山頂のデータからも, 年約1％の対流圏オゾンの増加が見られている.

しかしこれらの原因を特定し影響を把握するためには, ヨーロッパの例からも大気化学物質の自由対流圏での常時監視が不可欠である. 最近日本でも地表の観測点でのオゾン監視体制は充実してきている. しかし, 地表での観測は清浄な離島でもない限りその地域で放出生成された物質と長距離輸送されてきた物質との区別が難しい. 高所山岳では地表と違って, 輸送されてきた物質を直接捕集して観測できる利点がある. その高所山岳での大気化学観測はまだ始まったばかりに等しいといえよう. 自由対流圏の環境を監視し, その変動原因を特定するためには, 高所山岳による観測点を増やしてさらに多成分の化学物質を同時に測ることが望ましい. これまで述べた意味からも今後も高所山岳による大気化学観測の重要性が薄れることはないと考えられる.

(堤　之智)

引用文献

Akimoto, H., H. Nakane, and Y. Matsumoto, 1994 : The chemistry of oxidant generation : Tropospheric ozone increase in Japan, *in* "The Chemistry of the Atmosphere" : Its impact on global change, Blackwell cientific Publications 261 – 273.

Bojkov, R. D., 1988 : Ozone Changes at the surface and in the free troposphere, in "Tropospheric Ozone", Isaksen, I. S. A. (ed.), D. Reidel Publishing, 83 – 96.

Kato, N. and H. Akimoto, 1992 : Anthropogenic emissions of SO_2 and NOx in Asia : Emission inventories, *Atmos. Environ.*, **26A**, 2997 – 3017.

Oltmans, S. J. and H. Levy II, 1994 : Surface ozone measurements from a global network, *Atmos. Environ.*, **28**, 9 – 24.

Tsutsumi, Y., Y. Zaizen, and Y. Makino, 1994 : Tropospheric ozone measurement at the top of Mt. Fuji, *Geophys. Res. Lett.*, 1727 – 1730.

Tsutsumi, Y. and H. Matsueda, 2000 : Relationship of ozone and CO at the summit of Mt. Fuji (35.35N, 138.73E, 3776m above sea level) in summer 1997, *Atmos. Environ.*, **34**, 553 – 561.

Tsuruta, H., K. Shinya, T. Mizoguchi, and T. Ogawa, 1989 : Seasonal behavior of the tropospheric ozone in rural Japan, *in* "Ozone in the Atmosphere", Bojkov, R. D. and Fabian P. (ed), A Deepak Publishing, 433 – 436.

参考文献

小川利紘, 1991 :「大気の物理化学, 第Ⅱ期気象学のプロムナード 12」, 東京堂出版, 224pp.

オゾンを中心とした対流圏・成層圏の物質の振る舞いや反応, 測定法などのわかりやすい説明がある.環境科学を志す人の入門書.

Danielsen, E. F., R. S. Hipskind, S. E. Gaines, G. W. Sachse, G. L. Gregory, G. F. Hill, 1987 : Three – dimensional analysis of potential vorticity associated with tropopause folds and observed variations of ozone and carbone monoxide. *J. Geophys. Res.*, **92**, 2103 – 2111.

二宮洸三, 1998 :「気象予報の物理学」, オーム社出版局, 202pp.

b. 降水とエアロゾル

1. はじめに

「標高日本一の富士山頂では，きれいな雨が降っているのか？」という疑問に答えるために，富士山頂で円筒プラスチック容器に受けた降水を持ち帰ったのは，私が気象大学校の学生であった1990年の夏のことである．それ以来，断続的ではあるが，気象大学校グループが富士山頂の降水を採取・分析している．1997年に母校に赴任してからは，私は学生や気象研究所の研究官と共に山頂に1週間程度滞在して，集中的な大気化学サンプリングを行うようになった．観測の意義も，バックグラウンド大気の監視や，自由対流圏での物質の長距離輸送の解明となり，多角的な観測結果から総合的に物質循環を議論することを目指すようになった．本章では，これまでに私たちが入手した富士山頂の降水およびエアロゾルを中心に，その化学的挙動を気象などとあわせて議論する．

2. 観測方法

降水の捕捉には，口径約100 mmの円筒プラスチック容器を用いた．洗浄したプラスチック容器を蓋を開けたまま放置し，そこに捕捉された降水を採取した．これは，通常の雨量計のように漏斗式ではないので，捕捉された試料の蒸発が避けられない．そこで，降水現象の後，できるだけ速やかに容器を回収することで，試料の蒸発を抑えた．ただし，富士山測候所では，他の気象官署のような「降水量」を観測していない．これは，風速が大きく地面の凹凸の激しい富士山頂では，通常の雨量計では雨雪の十分な捕捉ができないからである．1990年に，私たちが山頂付近に簡易サンプラーを複数個おいたところ，捕捉した降水の化学成分濃度にはサンプラーによる違いがあまりみられなかった（Dokiyaら，1991）．しかし，台風による強風が伴ったためか，場所による捕捉量の差は最大約4倍になった．富士山頂では，沈着量（＝濃度×降水量）の見積もりには注意を要することがわ

かった．さらに，常時開放されているプラスチック容器での採取では，降水だけでなく非降水時の気体およびエアロゾルの試料への沈着（いわゆる「乾性沈着」）が避けられない．この簡易サンプラーで得られる試料は，湿性および乾性をあわせた「全沈着量」ということになる．一方，この簡易サンプラーの利点は，操作が簡単であり，常に捕捉ユニットを更新することで，他の試料に汚染の影響が及ぶのを防ぐことができる点である．

エアロゾルは，空気取入口より内径6 mmのプラスチックチューブで外気を取り込み，孔径0.45 μmのメンブレンフィルターで捕捉した．プラスチックチューブの長さは約10 mであった．ここでは，後述する二次粒子のような小さい粒子が捕捉できると考えられる．同様にチューブで導入した空気をパーティクルカウンタで計測すると，粒径1 μm以下の粒子数が支配的であるという結果となっていた．エアロゾル試料は4時間ごとにフィルターを交換して試料を得た．このとき，ろ過された大気は4時間で約3 m^3（1気圧・0 ℃換算）であった．

山頂から持ち帰った試料は，気象大学校で分析した．エアロゾルを捕捉したフィルターは，純水に浸し超音波洗浄機にかけて，水溶成分を抽出した．降水試料およびエアロゾル抽出試料はともに，イオンクロマトグラフィー（横河製：IC 7000）で主要イオン（Cl^-, NO_3^-, SO_4^{2-}, Na^+, NH_4^+, K^+, Ca^{2+}, Mg^{2+}）を定量した．また，電極法（DKK社製）を使用して，pHおよび電気伝導度（EC）を測定した．

3．観測結果

◆◇3.1 降　水◇◆

1990年から採取が行われた降水の化学成分については，既に報告があり，土器屋ら（1993）は他の季節に比べて夏季にSO_4^{2-}濃度が高いことを指摘している．また，丸田ら（1993）や直江ら（1997）は，前線性の降水によって高濃度のSO_4^{2-}がもたらされるとしている．ここでは，夏季集中観測が実施された1997年以降のデータについて触れることにする．

1997年8月10～16日および1998年7月11～20日の観測期間におい

て，10個の降水試料を得た．富士山頂での気圧は約5〜7日周期の変動を見せていたが，気圧の低下していくとき，つまり低気圧の前面でいずれも降水試料が採取できた（図10.5）．採取された降水捕捉量を降水量に換算してみると，ひと雨につき10〜25 mmであった．このときの平均風速は平年並の5〜7 m/sであり，降水捕捉率が大幅に変動しているとは考えにくい．1997年，1998年の観測準備期間に，台風の影響と活発な前線活動によって，大量の降水があったことは確認しているので，富士山頂の降水量はそのような散発的な現象によって支配されているのかも知れない．

図10.5にみられる3つの気圧低下期間を代表する降水試料を，A期間：1997年8月13日午前8時〜14日午前8時，B期間：1998年7月12日午前8時〜13日午前8時，C期間：1998年7月16日午前8時〜17日午前8時とし，これらの特徴をまとめてみた．表10.1は，その3試料と全10試料の濃度範囲を示したものである．この表には併せて，ヒマラヤの降雪および千葉県柏市の夏季降水の代表的な化学成分濃度も示してある．富士山頂

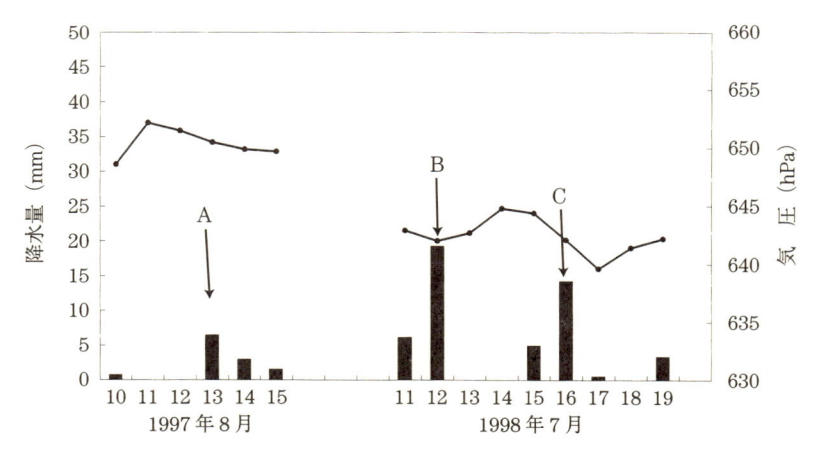

図10.5 富士山頂における気圧（hPa）および降水量（mm）
降水量は簡易サンプラーの降水捕捉量から推定した．
A期間：1997年8月13日，B期間：1998年7月12日，C期間：1998年7月16〜17日
降水量は当日午前8時から翌日午前8時まで．

の降水はヒマラヤの降雪と比較すると，Na^+ や Cl^- は同じレベルであるが，都市域の汚染の指標となる NO_3^- や SO_4^{2-} はかなり高濃度であった．それでも関東都市域の降水と比べると，多くの化学成分濃度は1/2〜1/10と，きわめて低濃度であった．また図10.6には，各期間ごとに，主な降水をもたらしたと考えられる雲の分布とその移動方向を示した．

A期間はどの成分も高濃度であった．都市域の汚染を示す NO_3^- や SO_4^{2-} だけでなく，それらを中和する NH_4^+ や Ca^{2+} も高濃度であることから，pHはそれほど低くなかった．このときの富士山頂の風向は西南西で，気温は平年並みであった．下層では，寒冷前線が東海地方を通過し，強いにわか雨を降らせていた．B期間では，汚染物質である NO_3^- や SO_4^{2-} は高濃度で

表10.1 富士山頂での化学成分．単位はEC：$\mu S/cm$，その他化学成分は$\mu eq/l$．「ヒマラヤ」は1998年9〜10月にヒマラヤ山脈標高5000〜6500mで得られた降雪試料の化学成分．「柏」は，気象大学校で1990〜1997年の6〜8月に観測した降水化学成分の中央値で上野（1998）より計算．

	EC	pH	Cl^-	NO_3^-	SO_4^{2-}	Na^+	NH_4^+	K^+	Ca^{2+}	Mg^{2+}
A期間	5.97	4.97	2.8	11.8	11.2	2.6	6.1	1.0	9.5	1.6
B期間	5.64	4.61	1.7	5.2	9.0	2.2	2.2	1.0	3.5	0.8
C期間	3.80	4.74	2.3	4.0	0.8	2.2	0.0	0.3	1.0	0.8
最大	9.95	5.43	34.7	12.1	16.0	35.2	11.1	4.6	26.4	35.4
中央	5.64	4.77	3.3	6.9	10.2	3.1	1.4	1.0	9.0	2.1
最小	3.80	4.38	1.7	0.0	0.8	0.9	0.0	0.3	1.0	0.8
ヒマラヤ	3.63	—	3.3	1.9	1.0	4.4	3.5	0.6	17.0	1.6
柏	—	4.68	27.7	37.0	73.1	15.1	56.5	2.1	18.7	5.8

A期間：1997/08/13〜14，B期間：1998/07/12〜13，C期間：1998/07/16〜17．

図10.6 富士山頂に降水をもたらす雲の移動図（模式図）

あるが，それらを中和する成分，とくに NH_4^+ が低濃度であった．このことが，やや低い pH に反映している．富士山頂の風系は北よりで，下層の停滞前線に伴う雲が局地的に強い雨をもたらしていた．C 期間では，雨量が多いこともあり，どの成分も低濃度であった．しかし，Cl^-，NO_3^- および Na^+ については，比較的高濃度であった．このとき，富士山頂の風系には南成分が存在し，下層では南岸で低気圧が発達していた．

◆◇ **3.2　エアロゾル** ◇◆

富士山頂でのエアロゾルの観測は，1993 年夏季に坪井ら (1996) によってはじめて行われた．このときは，台風通過後に西風が卓越すると，エアロゾル濃度が上昇した．エアロゾル中の化学成分は，ほとんど SO_4^{2-} であった．翌 1994 年夏季の観測では，エアロゾル中には，SO_4^{2-} の他に，当量濃度でその 3 倍程度の NH_4^+ が含まれていた (Sekino ら，1997)．このときの風系は，南よりで，比較的弱風であった．

エアロゾルは，1997 年，1998 年ともに，その水溶成分のほとんどが SO_4^{2-} と NH_4^+ とでほぼ等しい割合で含まれていた．通常の濃度は，SO_4^{2-}，NH_4^+ とも 5〜10 neq/m^3 であるが，1997 年 8 月 14 日以降および 1998 年 7 月 12 日には急増して，15〜25 neq/m^3 となった (図 10.7)．

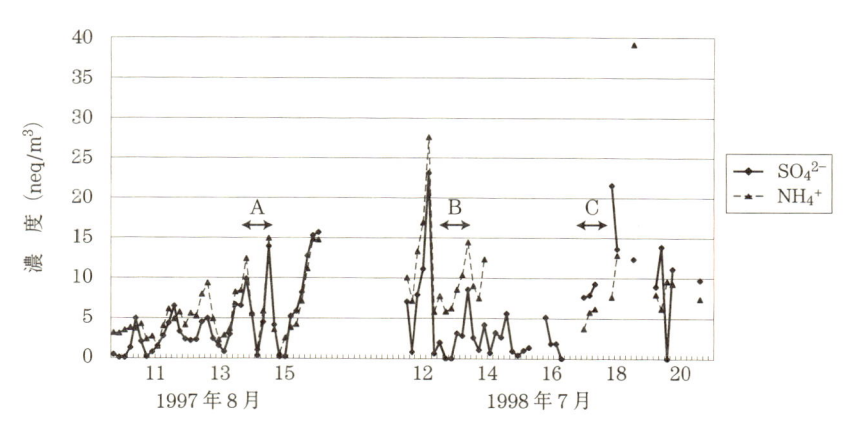

図 10.7　富士山頂でのエアロゾル中水溶成分時系列　　単位は neq/m^3．

4. 議 論

◆◇ 4.1 降水・エアロゾル中の化学成分とその起源 ◇◆

富士山頂の降水に含まれるイオンは，海塩粒子（Na^+ と Cl^-），土壌粒子（海塩成分以外の Ca^{2+} と Mg^{2+}），および二次粒子（SO_4^{2-}，NO_3^- と NH_4^+）が起源と考えられるものが含まれている．これらの成分の起源は海面や地表などにあることから，富士山頂の降水の化学成分はより下層から輸送されたと考えられる．富士山頂で捕集されたエアロゾルはその成分が SO_4^{2-} と NH_4^+ で支配されていた．これらは汚染気塊が長距離輸送される間に凝縮した二次粒子と考えられる．

粒径が 0.1〜10 μm のエアロゾルは，降水によって除去されやすい（Warneck, 1988）．富士山頂で捕集したエアロゾルも，降水があった期間あるいは霧の発生した期間には濃度が減少する傾向にあった．また，ふつう降水中の NH_4^+ / SO_4^{2-} 比はエアロゾル中よりも低いといわれている（例えば，Calvert ら，1985）．これは，雲中で SO_2 が SO_4^{2-} に変化すると考えられるからである．富士山頂の試料においても例外ではなく，降水中には NH_4^+ よりも多量の SO_4^{2-} が含まれていた．但し，1997, 1998 年のエアロゾル中の NH_4^+ / SO_4^{2-} 当量比はほぼ 1 なのに対して，降水中ではこの比は小さく，NH_4^+ が検出されない試料もあった．

◆◇ 4.2 1997, 1998 年夏季観測での降水とエアロゾル ◇◆

表 10.1 に示した A 期間では，他期間に比べて降水中のイオン濃度はどの成分も高いが，とくに NH_4^+ が高濃度である．この時期にエアロゾル濃度が上昇する傾向にあることから，エアロゾル洗浄の結果である可能性がある．また Ca^{2+} をはじめ土壌粒子起源物質も高濃度で，西方から長距離輸送が行われたと考えられる．B 期間では，NH_4^+ は低濃度で，エアロゾルの寄与は小さいと考えられる．しかし，Ca^{2+} はやや高濃度，SO_4^{2-}，NO_3^- は高濃度であった．このときの風系は北寄りで海塩の寄与は小さいことから，大陸性空気塊の影響を反映した降水であると推測される．C 期間では，化学成分は全般的に低濃度であるが，Cl^- と Na^+ とが比較的高濃度であり，海洋性空

気塊の影響が強いことがわかる．

エアロゾル中の SO_4^{2-} 濃度が増加する期間は，北あるいは西からの風系が卓越する．また，この期間は相対湿度が低下する場合が多い．そこで，大陸性の乾燥気塊が高濃度の SO_4^{2-} エアロゾルを含み，富士山頂にもたらされると考えられる．

5．結 論

富士山頂で観測されるエアロゾルの化学組成は，NH_4^+ と SO_4^{2-} を主成分とした．一方，降水にはそれ以外に海塩や土壌を起源とする成分が含まれていた．富士山頂の降水のpHは4.5～5.0のものが多かった．これは平地の降水のpHと比較すると，同じかやや高い．このpHを決定している化学成分をみると，どの成分も平地よりは低濃度であった．Ca^{2+}，Mg^{2+} などの土壌起源成分は関東都市域の約1/2，Na^+ に代表される海塩起源成分は約1/5，SO_4^{2-}，NO_3^- などの二次粒子あるいは気相反応を介在する成分では1/5の低濃度であった．

地表面に近い下層にその起源があるこれらの成分が富士山頂にまでもたらされるには，水平方向の長距離輸送だけでなく，積乱雲など強い対流活動を伴う鉛直方向の大気の移流が必要である．富士山頂における降水化学成分の挙動を解明するには，これらのメカニズムをより詳細に調査する必要がある．また，SO_4^{2-}，NO_3^- に代表される降水を酸性化する原因物質の沈着量の把握には，より長期にわたる（通年）観測が必要となる．

謝 辞

富士山測候所長・佐藤政博氏はじめ所員の皆様のおかげで，10年間にわたる山頂の観測が続けられました．冬季降雪試料採取の石森啓之氏，卒業研究の一環として観測を行った元気象大学生・坪井一寛，関野裕功，大塚（秋広）道子，塩水流洋樹，元東京農工大学生・村上健太郎の諸氏の協力があったこと，また，登山家・岩崎洋，成田大介両氏にはヒマラヤの降雪を採っていただいたことを記して感謝します．

（林　和彦）

引用文献

Calvert, J. K., A. Lazrus, G. L. Kok, B. G. Heikes, J. H. Walega, J. Lind, and C. A. Cantrell, 1985 : Chemical mechanisms of acid generation in the troposhere, *Nature*, **317**, 27 − 35.

Dokiya, Y., K. Hayashi, T. Hosomi, H. Kamata, E. Maruta, S. Tanaka, J. Ohyama, and K. Fushimi, 1991 : Measurement of acidic deposition at remote sampling sites, *Anal. Sci.*, **7**, 1001 − 1004.

土器屋由紀子, 坪井一寛, 丸田恵美子, 1993 : 富士山の降水の化学成分の季節変化, 天気, **40**, 539 − 542.

丸田恵美子, 土器屋由紀子, 坪井一寛, 1993 : 富士山における降水の化学成分と気象要因, 環境科学会誌, **6**, 311 − 320.

直江寛明, 土器屋由紀子, 丸田恵美子, 1997 : 富士山頂の降水の化学成分と気象条件, 資源環境対策, **33**, 145 − 150.

Sekino, H., C. Nara, K. Tsuboi, T. Hosomi, Y. Dokiya, Y. Igarashi, Y. Tsutsumi, and S. Tanaka, 1997 : Chemical species in aerosol, gases, precipitation and fog at the summit of Mt. Fuji, *J. Aerosol Res. Japan "Earozoru Kenkyu"*, **12**, 311 − 319.

坪井一寛, 細見卓也, 土器屋由紀子, 堤 之智, 柳沢健司, 田中 茂, 1996 : 富士山頂のエアロゾル, ガスおよび降水の化学成分について―1993年7月27日〜8月3日の観測について―, エアロゾル研究, **11**, 226 − 234.

上野雅恵, 1998 : 首都圏のネットワーク観測による酸性雨の研究, 慶應義塾大学理工学部卒業論文, 292pp.

Warneck, P., 1988 : Chemistry of Natural Atmosphere, Academic Press, 753pp.

c. 富士山頂の空気はどこから来るか
〜Be-7を使ってわかること〜

1. 富士山頂での大気化学観測

酸性雨は，人間が使用した化石燃料から放出される二酸化硫黄（亜硫酸ガス SO_2）や窒素酸化物が大気中で酸化されて硫酸や硝酸になり，雨や小さなミストなどの形態で地表面に沈着する現象である．日本は大陸の風下に位置するため，酸性物質の長距離輸送が議論されている．

富士山の山頂（海抜 3,776 m）は，孤立峰で急峻であることから山谷風の影響を受けにくく，ごく近くからの汚染を避けて，大陸からの酸性物質などの長距離輸送や大気中の化学反応をその現場で観測できる利点がある．図 10.8 に富士山での観測をごく単純化して模式的に描いてみた．都市部で生成された汚染大気は，大気境界層の領域内に留まっていることが多い．ところが一旦自由対流圏まで持ち上がると，上空の大気の流れによって長距離輸送されるようになる．春先に目撃される黄砂もこの仕組みにより，はるか太平洋の彼方まで運ばれて行く．

土器屋ら（1995）は，1990年より富士山の降水中の化学成分観測を行い，1993年夏季には SO_2，アンモニア（NH_3）といった気体，エアロゾル，それから降水，霧水中に溶けている酸性やアルカリ性のイオンのまとまった観測データを山頂で得た．また堤ら（1998）はこれとは別に，1992年から山頂での連続オゾン（O_3）観測を開始し，自由対流圏での O_3 の時間変動の把握を行ってきた．こうして大気化学の観測データが蓄積して研究者間での討論が進んだことから，気象研の研究者がさらに加わり，相互に関連する大気化学成分についての集中観測を夏季に富士山頂で行った．その一端をここでは紹介する．

2. 富士山頂で観測された大気化学種の水平・鉛直輸送

通常，富士山頂の空気は清浄で硫酸の粒子はほとんど飛んでいない．ところが，土器屋ら（1995）は，1993年夏にエアロゾル中の nss-SO_4^{2-}（非海

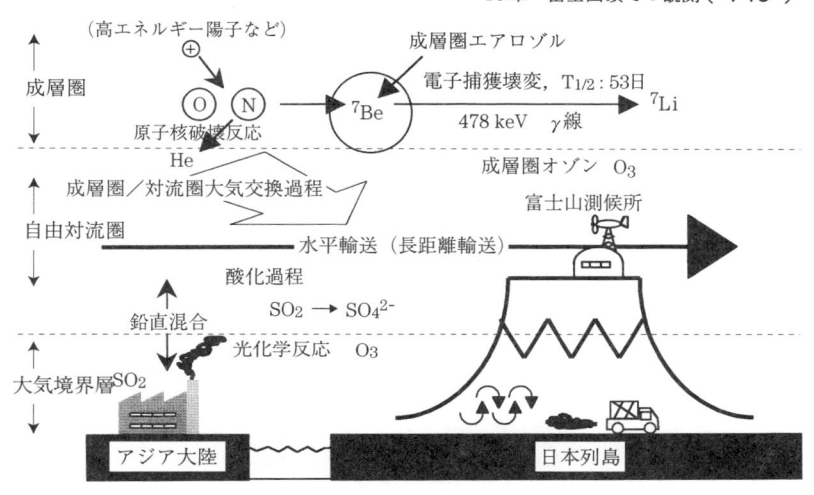

図10.8 大気中での物理，化学諸過程と自由対流圏に位置する富士山頂での観測のイメージ．アジア大陸からの汚染物質の長距離輸送状況など，自由対流圏の大気化学の実態解明は重要な課題と思われる．

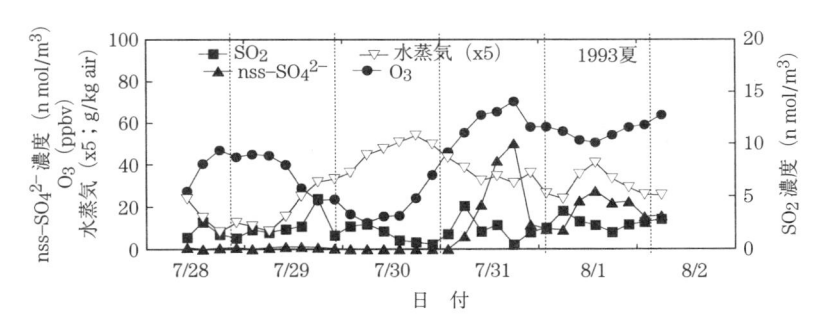

図10.9 1993年夏の富士山観測で得られたSO_2，nss-SO_4^{2-}およびO_3濃度の時間変動．水蒸気量もあわせて描いてある（5倍に拡大）．

塩硫酸イオン）濃度が突然上昇するのを見出した（図10.9）．このエアロゾルの起源は，人間活動によって放出されたSO_2によるものと考えられ，大陸からの長距離輸送の可能性を指摘した．

O_3について考えると事情はもっと複雑になってしまう．O_3はSO_2や窒素酸化物を酸化するOHラジカルや過酸化水素の原料物質である．O_3は，

汚染空気の中で光化学反応（光化学スモッグ）によって生成するものと，成層圏で酸素が紫外線を吸収することで生成するもの（オゾン層）と，2種類の発生源がある．この成層圏オゾンは，気象条件によって地表へ輸送される．ここで私は成層圏から輸送された多量の O_3 を含む空気と多量の汚染物質を含む下層の空気の混合が，酸性雨現象にとって重要ではないか？と考えるようになった．成層圏から輸送された O_3 がきっかけになり，SO_2 の酸化が促進されて SO_4^{2-} が生成している可能性を考えたのである（Igarashiら，1997）．全くの独自の仮説で誤っているかもしれないが，こう考えた理由の一つが Be-7 である．それでは，次節で Be-7 とは何か詳しく説明しよう．

3．Be-7（ベリリウム－セブン）とは？

環境放射能を扱っている人間にとってはありふれているが，一般には聞き慣れない方が多いだろう．Be-7 は，近頃，悪者，怖いもの扱いしかうけない放射性物質である．放射能[1]は人類が人工的に作り出したものだけではなく，創造神が作り出したものとしても，環境中にあまねく存在している．Be-7 は普通に大気中に見い出され，半減期は約54日である．宇宙から地球へ絶えず降り注ぐ高エネルギーの宇宙線が窒素，酸素原子と衝突して生成する．H-3（トリチウム），C-14（炭素－14）など宇宙線生成核種[2]の仲間である．ウルトラマン世代に属する私は，つい「ベリリウム－セブン」と呼んでしまうのだが，折り目ただしい日本語（化学用語）では「べりりうむ－なな」であるべきだろう．記号としては ^7Be が正しい（ここでは，簡略表記で Be-7 としている）．数字は質量数をあらわす．

1）放射能，2）核種：

放射能とは不安定な原子核が高エネルギーの放射線を放出して壊れる現象．転じて放射性物質を指す．放射能の単位はベクレル（Bq）で，毎秒の崩壊数が1個であるときに1Bqと定義されている．古くはキュリー（Ci）が使われたが，現在はBqに統一され，1Ciは 3.7×10^{10} Bqである．

核種とは，原子核または原子の種類を示すのに用いる用語．ふつう固有の原子番号Zと質量数Aをもったものを1つの核種といい，放射性のものを放射性核種とよぶ．

Be-7の生成率は，宇宙線[3]のフラックス（粒子束密度）に依存するので，宇宙線が侵入しやすい極側で大きく，地球磁場で遮蔽されている赤道域で小さくなる．一方，生成率は高度と共に上昇して，計算によれば中緯度域では15〜20 kmで最大値をとる．地上近傍では，大気上層部のおよそ1/100とごく小さな生成率しかない．Be-7は鉛直的に大きな濃度差があり11〜12 kmの圏界面付近から濃度が急激に上昇する（Kochら，1996）．したがって，上層大気（下部成層圏・上部対流圏）が自由対流圏に運ばれたときには，自由対流圏のBe-7濃度は上昇する．このときBe-7をトレーサー（日本語では追跡子）と呼ぶ．いわば，目印である．

ところで，私がこの「道」に踏み入ることになったのは，つくば市の気象研で観測したBe-7の降下量と酸性物質のnss-SO_4^{2-}の降下量が春季と秋季によい相関を示したことが理由である（Igarashiら，1998）．Be-7は大気上層部で生成する．nss-SO_4^{2-}は地上に発生源がある．普通に考えると，成層圏の物質と地上での発生物質とが直接関係するなどとはとても思えない．その原因を探るためにも，メカニズムが駆動しているだろう自由対流圏での観測に取り組むことを考えたわけである．

こういうとカッコいいわけだが，事情はそれほど単純ではなく，なぜこのような関係が見出されるか説明がつかず，論文も書けず困っていたところへ，気象大学校のT君が登場したのである．1993年に富士山頂でエアロゾル観測を行ったパイオニアの彼によると，地表で観測された関係は必ずや自由対流圏でも成り立っているというのだ．「豚もおだてりゃ木に上る」ではないが，翌年夏，のせられやすい私は富士山頂に登った．

4．夏季の富士山での観測

富士山測候所の協力を得て，1994年7月，97年8月，98年7月に，有人

3）宇宙線：
宇宙線とは，宇宙空間に存在する高エネルギーの放射線，およびそれらが地球大気に入射してくる放射線．

で化学成分の集中観測を実施した．夏にしか観測を行っていないのは，雪のないこの時期だけ山頂へブルドーザーが荷揚げを行えるからである．ブルを運転してくれる伊倉の親父さんに感謝（5章7節参照）．それ以外の季節は人力で観測機材を持ち上げねばならない．とくに冬に厳しい姿をあらわす富士山は未だに極地であり続けているのだ．

さて，Be-7はハイボリュームサンプラー（柴田科学製 HVC 1000；図10.10）を用い，石英ろ紙上に1～12時間（通常4時間毎）で約50～400 m^3 の空気を捕集した．試料交換は人力だから体力勝負である．このように高い時間分解能で Be-7 観測を行ったのは諸外国でも例がないはずだ．低圧下でサンプラーが作動するか疑問だったが，大丈夫だった．1994年の試料については気象研究所で測定を実施したが，1997年以降，より高い感度と精度を得るために，金沢大学理学部の小村和久教授にお願いして，放射線のバックグラウンドがきわめて低い同大学低レベル放射能実験施設の尾小屋地下測定室で，ゲルマニウム（Ge）半導体検出器を用いたγ線分光法によって Be-7 の測定・定量を行った．この施設は旧銅山の坑道跡を利用しており，山が巨大な遮蔽体となっている．小村教授の工夫でバックグラウンドの低さは世界的な水準にある（小村，1994）．

図10.10 富士山頂で活躍してくれたハイボリュームサンプラー

◆◇ **4.1 初めてで不安だった1994年夏季の観測とはずれの1997年** ◇◆

1994年7月の初めての観測（Sekino ら，1997）は，Be-7 が検出できる

か全く不安だった．ところが Be-7 はたやすく検出でき，しかも同時観測した O_3 と nss-SO_4^{2-} はかなり類似した時間変動パターンを示した（図10.11）．O_3 濃度の増大が Be-7 の検出と水蒸気量の低下を伴うことから，観測された O_3 は少なくとも下部成層圏・上部対流圏から輸送されたものと推測できる（Tsutusmi ら，1998）．やった！というわけだ．ビギナーズラックかもしれない．すっかり私は富士山での観測研究にはまってしまった．しかし，なぜ O_3 濃度の増大と符合して nss-SO_4^{2-} 濃度が増加するのか，これだけでは依然として不明である．

次の観測は1997年になった．人数を増やして8月に観測に臨んだ．しかし観測期間中は，日本列島を太平洋高気圧が覆っており，富士山頂は海洋性気団に包まれたままだった．そのため典型的な上層空気塊の輸送過程を観測することができず，期待外れに終わった．野外観測には外れ，ということもある．でも諦めてはいけない．

◆◇ 4.2 Be-7 と O_3 のはっきりした関係が得られた1998年夏季の観測結果 ◇◆

ようやくきれいなデータが得られたのは1998年のことである．この年は7月に観測を実施した．装置の停止による欠測があったが，これまでになく長期の Be-7 の観測データを得た（図10.12）．濃度レベルは，0.2〜30 mBq/m³ と2桁の大きな変動があった．O_3 の濃度は 90 ppbv を記録して全般に

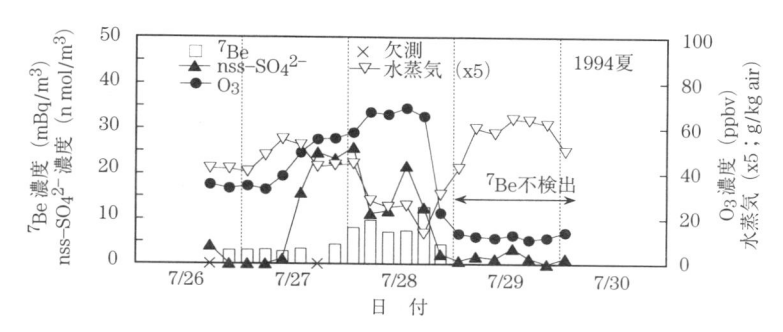

図 10.11　1994年夏の富士山観測で得られた Be-7，nss-SO_4^{2-} および O_3 濃度の時間変動

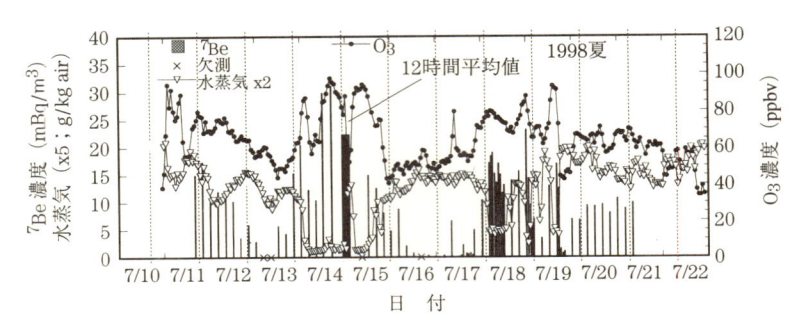

図10.12 1998年夏の富士山観測で得られたBe-7およびO₃濃度,水蒸気量の時間変動

高かった．観測期間は梅雨期に該当したため，富士山頂を覆う大陸性気団と海洋性気団とは頻繁に交代し，これと上層大気の輸送は連動していたと考えられる．Be-7の大きな濃度変動はこの過程を反映している．Be-7とO₃の時間変動はよく相関している．とくに7/14, 15および7/18, 19は乾燥した空気塊が富士山頂を覆い，Be-7濃度は20から30 mBq/m³の濃度レベルに上昇し，同時にO₃濃度も上昇した．図10.13に「ひまわり」の水蒸気画像を示す．画像で黒く抜けている部分が上層から乾いた空気の流入を示す．富士山頂の大気化学はこのような大規模な大気の流れに支配されていると考えられる．

5．Be-7とO₃の関係－上層から輸送されるO₃の量を推定できるか

上層（上部対流圏・下部成層圏）から自由対流圏へ輸送されるO₃の量がどのくらいか論議されている．この点が先ほどの仮説にとって重要である．全ての年について，Be-7とO₃の観測結果を相関図としてまとめると図10.14のようになる．Be-7濃度とO₃濃度とは，O₃濃度が一定のレベルを超えると直線的な関係となっており，上層から気塊が輸送されるとき，Be-7とO₃がともに輸送されることがわかる．この直線の傾きから，上層でのO₃

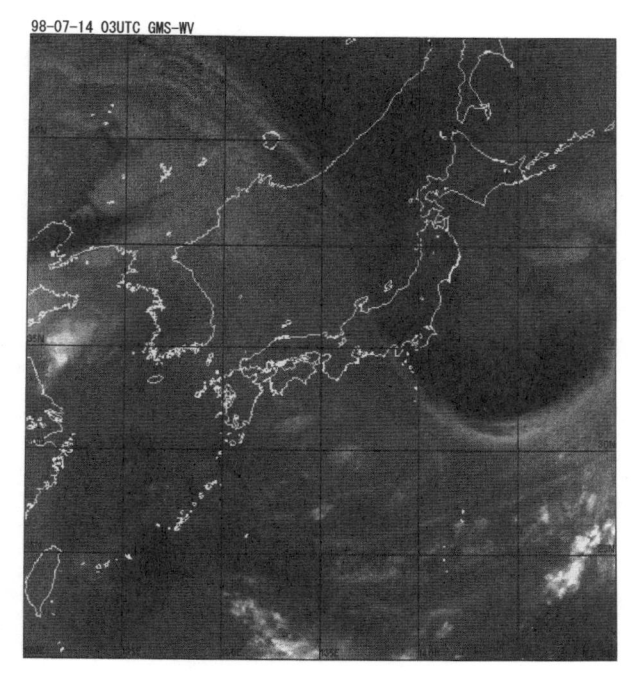

図10.13　1998年7月14日の気象衛星「ひまわり」による日本付近の水蒸気画像
黒く抜けた部分が乾燥している領域.

/Be-7濃度比（k_{st}）が求められる（Bazhanov and Rodhe, 1997）.（注：なお，図10.14のBe-7濃度が低い部分ではO_3濃度がばらついている．この領域は，上層からの輸送がない場合と考えられる．自由対流圏下部でもBe-7は生成するが，その最大値は高度4 kmではせいぜい3 mBq/m^{3}程度と推測できる．このときのO_3濃度は光化学のみで決まり，光化学の原料物質（汚染物質）に乏しく湿った海洋性の空気ではO_3濃度は低く，汚染物質が多く乾燥した大陸性の空気ではO_3濃度が高いようである.）

　自由対流圏内のO_3の起源を，単純に「上層からの輸送部分」と「自由対流圏内の光化学生成部分」との2成分から構成されると考える．「上層からの輸送O_3」は，（対流圏内で生成したBe-7量を無視すると，）図10.14で

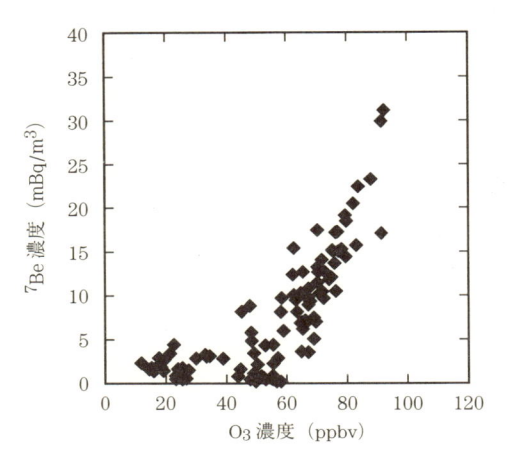

図 10.14　1994, 97, 98 年の観測で得られた Be-7 と O_3 濃度の関係
97 年の観測データは原点に近い領域に集中している.

示したように Be-7 濃度に k_{st} 比をかけて求まる. さらに, この輸送分を観測値から差し引くと, 「光化学成分」を求めることができる. この考えをもとに, 1998 年の夏の観測結果を解析したところ, 観測された富士山頂の O_3 は「上層からの輸送成分」より「光化学成分」の方が主であることがわかった. ところで, 夏と異なり, 北半球中緯度域では, 春と秋は成層圏空気が対流圏へ盛んに流入することが知られている. このため, 今後は春と秋に観測を行って Be-7 と O_3 の関係を調べ, 上層からの輸送部分と光化学成分の O_3 の割合を検討していくことが必要である.

　Be-7 の地表への降下量観測値は, 放射能観測網による膨大なデータが存在している. 観測が困難な上層からの O_3 輸送量を, 今後新たに, この膨大な Be-7 のデータを基に見積もることができそうである. 量的な関係を把握することで, 酸性雨現象にとっても上層から輸送される O_3 が重要か否か, 理解が深まると思われる.

6. おわりに − Be-7もまんざら捨てたものではない

　Be-7は「環境放射能屋さん」にとっては実にありふれているのだが，なかなか上手く使えない．しかし富士山頂では，地上では観測できない現象または大気化学過程が観測でき活用できる．最後に述べたK_{st}比は自由対流圏内に位置する富士山頂であるからこそ，得られたデータである．まだまだなのだが，Be-7が上層大気のトレーサーとして有効に活用できることを，やっと実証できたものと思っている．今後とも富士山頂での観測を継続して，より多くの大気化学に関する観測データを蓄積し，自由対流圏内での大気化学的諸過程の解明−とくに酸性雨現象の解明−に寄与したいと考えている．興味をもって頂けたなら幸いである．

　これらの観測研究を実施するにあたっては富士山測候所の皆様に多大のご協力を得た．あらためて御礼を申し上げる．また，同じ釜の飯を分け合って，一緒に観測してくれた皆さん，ありがとうございました．

（五十嵐康人）

引用文献

Bazhanov, V. and H. Rodhe, 1997 : Tropospheric ozone at the Swedish mountain site Areskutan : Budget and trends, *J. Atmos. Chem.*, **28**, 61 − 76.

Dokiya Y., K. Tsuboi, H. Sekino, T. Hosomi, Y. Igarashi, and S. Tanaka, 1995: Acid deposition at the summit of Mt. Fuji : Observations on gases, aerosols and precipitation in summer, 1993 and 1994, *Water, Air Soil Pollut.*, **85**, 1967 − 1972.

Igarashi Y., K. Hirose, T. Miyao, and M. Aoyama, 1997 : Correlation between ^{7}Be and nss−SO_4^{2-} depositions observed in Tsukuba, Extended Abstracts of International Symposium on Atmospheric Chemistry and Future Global Environment, Nagoya, Japan, 448 − 451.

Igarashi Y., K. Hirose, and M. Otsuji-Hatori, 1998 : Beryllium − 7 deposition and its relation to sulfate deposition, *J. Atmos. Chem.*, **29**, 217 − 231.

Koch D. M., D. J. Jacob, and W. C. Graustein, 1996 : Vertical transport of tropospheric aerosols as indicated by ^{7}Be and ^{210}Pb in a chemical tracer model, *J.*

Geophys. Res., **101** (D13), 18651 – 1866.

小村和久, 1994：極低レベル放射能測定を目的とする「尾小屋計画」, 放射線科学, **37**, 283 – 286, 361 – 366.

小川利紘, 1991：「大気の物理化学－新しい大気環境科学入門－（第Ⅱ期気象学のプロムナード12）」, 東京堂出版, 47 – 53.

Sekino H., C. Nara, K. Tsuboi, T. Hosomi, Y. Dokiya, Y. Igarashi, Y. Tsutsumi, and S. Tanaka, 1997 : Acid Deposition at the summit of Mt. Fuji‐Observations on gases, aerosols and precipitation in summer, 1994 compared with summer, 1993 –, *J. Aerosol Res. Jpn.* (*Earozoru Kenkyu*), **12**, 311 – 319.

Tsutsumi Y., Y. Igarashi, Y. Zaizen, and Y. Makino, 1998 : Case studies of tropospheric ozone events observed at the summit of Mount Fuji, *J. Geophys. Res.*, **103** (D14), 16935 – 16951.

参考文献

日本化学会編, 1990：「大気の化学（季刊化学総説No.10）」, 学会出版センター.
この分野の進展は著しいので, 出版されて10年ほど経過し内容が少し古くなったかも知れない. しかし, 大気化学の諸問題についての総説集としてよくまとまっている一冊.

木越邦彦, 1981：「核化学と放射化学（基礎化学選書15）」, 裳華房, 250pp.
放射能に関する化学の教科書. 基礎を学ぶのに最適の一冊. 宇宙線生成核種についても述べられている.

11章 中国・四国地方

1. 中国・四国山地の存在によって変わる気候，大気汚染物質濃度

中国・四国地方は，日本でも特殊な地形を形成している．北は日本海，その南側に中国山地が東西に走り，その南側に瀬戸内海があり，その南側に

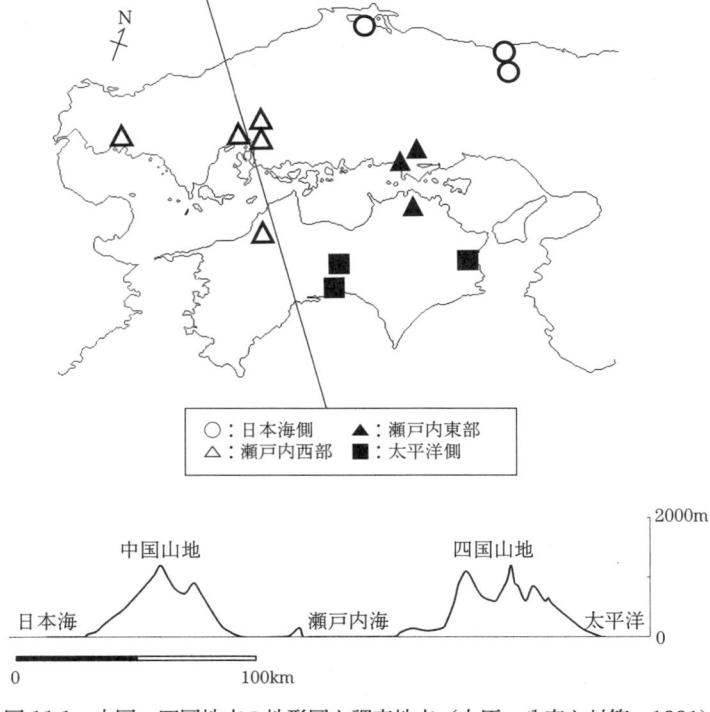

図11.1 中国・四国地方の地形図と調査地点（大原，公害と対策，1991）
下図は，上図のA線での断面図．

四国山地が横たわり，さらに南側には太平洋が存在する（図11.1）．即ち，3つの海と，2つの山地の間に陸地が存在する．大気汚染物質を発生する固定発生源は，中国山地と四国山地の間，即ち，瀬戸内の沿岸地域に主として林立している．また，瀬戸内の沿岸地域には，中国・四国地方では人口密度の高い中都市や幹線道路も存在し，移動発生源の影響も他地域に比べて大きい．

2．大気汚染物質の輸送を妨げる山岳の役割

一般場の影響が少ない天気の良い日には，日本海，瀬戸内海，太平洋の3つの海から海陸風が発達する．海風は日本海から中国山地へ向け，瀬戸内からは，中国山地と四国山地の両側へ，太平洋からは四国山地側へと流れる．その海風と共に，大気汚染物質は内陸へと輸送される．しかし，地上付近の大気汚染物質は山地手前が海陸風の収束域にあたるため停滞する．そのため日本海側，瀬戸内側，太平洋側で大気汚染物質の濃度は異なる．

3．中国山地沿いに発生する霧

中国山地は霧が多く発生することで知られている（年間100日程度）．霧が多く発生する時期になると，その景観が幻想的であるがゆえに人々はその光景に魅了される．とくに中国山地の瀬戸内側に位置する三次盆地に発生する霧は雄大である．高谷山が，観察にちょうど良い小高いところにあり，眼下に町を見おろすことができる．この高谷山頂上から観察すると，昼間は町がくっきりと見渡せる．夕方になり町に明かりがともり，やがて夜になる．霧が出現しはじめると，町は次第に霧に覆われ，町は全く霧の下に隠れ，白い雲の上にいるような感覚さえ覚える．この霧に覆われた状態で町は朝を迎える．やがて，霧の間から光がもれ，太陽が霧の間から大きく昇ってくる．そして霧は徐々に晴れていき，薄くなって町があらわれてくる．この太陽が昇ってくるほんのわずかの間は，薄い青，赤，黄色と，光が遊んでいるようないろいろな色が楽しめる．そして，太陽は霧を消し町が次第にあらわれてくる．昼になると，また普通の町並が見える．この光

景を見るために，霧が深くなる秋期には，早朝から多くの人がこの高谷山を訪れ，日の出前は山頂の展望台が人で埋まり観光名所となる．さて，文学的な表現はこれまでにしよう．

　中国山地沿いの霧は放射霧である．中国山地沿いは海陸風の収束位置にあたり，風速が非常に弱い．我々が1987年から調査している三次盆地では，霧の発生条件である汚染物質が豊富に存在し（霧の核となる物質が存在する），昼間と夜間の温度差が大きく，水分補給をするに十分な五つの河川の合流地点にあたっている．図11.2は，標高490 mの高谷山から，霧が発

図11.2　高谷山からみた三次の霧の海
上：前日の昼間，下：次の日の早朝．

生した前日と霧が発生した早朝の市街地を望んだ写真である．夜間，市街地はすっぽりと霧に包まれている．この霧の化学的，物理的性質を調べるため我々は調査を実施した．当初は霧水採取機（細線式）で霧水を集め，化学組成を調べることのみで手いっぱいであったが，調査を重ねるうちに，霧粒の大きさ，大気汚染物質（ガス，エアロゾル）の取り込み過程と，解決すべき課題は増し，霧粒自動撮影装置の開発，採取霧水の捕集効率の向上をめざすための霧水採取機の作製，深夜作業の軽減を計るための霧水自動分析装置（pH，EC を自動的に分析）の開発，霧水の化学的組成を決めるガス，エアロゾルの平衡関係を求めるためのローボリウムサンプラーの稼動，ガス，エアロゾルサンプリングと，調査自体が大がかりになっていった．

　霧は夜間 23〜0 時頃から発生し，翌朝 9 時頃消失する．霧水の pH は 3.1〜6.9 を示し，EC は 31〜745 μS/cm であった．霧水中のイオンは NH_4^+，SO_4^{2-}，NO_3^-，Cl^- の順に多く，他のイオン種の占める割合は非常に少ない．雨水の陰イオン組成（当量濃度）の平均は，SO_4^{2-}，NO_3^-，Cl^- が 2：1：1 の割合であり，霧水はこれらの雨水成分と比較すると NO_3^- がやや多く，Cl^- がやや少ない傾向があった．陽イオン中の NH_4^+ は，エアロゾルで 30％程度，雨水では 40％程度であるのに対し，霧水では 80％と，非常に多かった．このことは，アンモニアガスが霧水中へ吸収，吸着されたと推定された．最近での調査で，NH_3 と (NH_4^+) X（X は SO_4^{2-}，NO_3^-，Cl^-）の霧への移行率は 100％であることが確認されている．霧の中でも放射霧の粒径は最も小さいとされている．霧が濃い状態（視程 100 m 以下）と，薄い状態での霧水の性状と，粒子径の関係を，図 11.3 に示した．ここでの霧は霧が濃い場合も，薄い場合も，90％以上が 50 μm 未満の粒径であった．濃い霧水は，30〜50 μm のやや粒径の大きい粒子が多く，薄い霧はそれよりも粒径の小さい霧が多いことがわかる．図 11.4 には，霧粒の粒径分布と化学成分濃度の時間変化を示した．霧発生時には，10〜20，20〜30 μm の粒径の小さい霧粒が多く，霧が発達して濃くなるに従って，霧粒子径の大きいものが増加してくる．さらに，時間を経過し，霧が次第に消失してくると，30〜50 μm の霧粒子の割合が少なくなっていく．

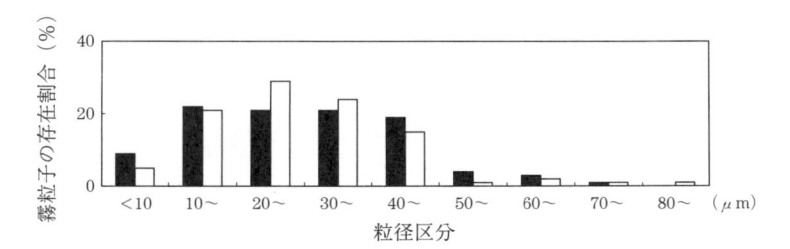

図 11.3 粒径区分毎の霧粒子の存在割合
■は濃い霧の場合で, 霧水量690ml, pH 4.2, EC 190 μS/cm.
□は薄い霧の場合で, 霧水量140ml, pH 4.4, EC 1030 μS/cm.

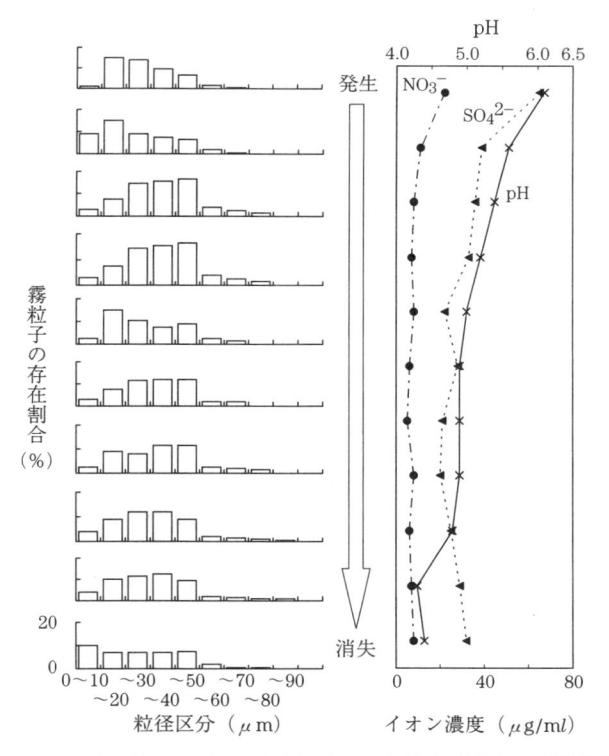

図 11.4 霧の粒径区分毎の存在割合と, 化学成分濃度の時間変化
上から順に, 霧の発生から消失に至るまでの経過をあらわす.

4. 中国・四国地方の酸性雨

＜降水成分の差異にかかわる中国，四国山地＞

　瀬戸内地域での酸性雨への取り組みは，1980年代に始まった．酸性雨の調査によって，それまでの大気に対する汚染の概念が変わってきた．即ち，「局地的であるというだけでなく広域的な問題でもある」との認識が広がっていった．今や酸性雨問題といえば，広域大気汚染と考えられている．こういった背景のもとで，中国・四国地方の公害研究所は共同で，採取法等と期間を統一し，1987年から調査を実施した．ここでは共同調査で得られた特徴的な性質を述べる．はじめに述べたように，中国・四国地方は，山と海に挟まれた地域である．降水をもたらす雲は，主として西から移動してくる．また，夏（太平洋側から風が吹く）と冬（日本海側から風が吹く）では，気流が正反対になる，という特徴を持っている．機器，人手等の関係で，このようにしか調査地点（図11.1）を設けることができなかったが，その分布は中国山地，四国山地で区切ることのできる調査地点になった．日本海側は，平年降水量が1,900 mmで，冬季の降水量が多い．瀬戸内は平年降水量が1,600 mmでこの地域では降水量が最も少なく，季節的には夏季に多く冬季に少ない．太平洋側は平年降水量が2,700 mmで，4～9月の雨量が多い．図11.5に6月の降水量とSO_4^{2-}降下量の関係を示した．1987年の降水は日本海側を除き，降水量とSO_4^{2-}降下量に直線関係が認められ，中国山地より南側の降水のSO_4^{2-}濃度は同一であった．1988, 1989年には日本海側，瀬戸内東部，瀬戸内西部，太平洋側の4タイプに分けられ，中国山地，四国山地を境に汚染物質濃度が異なることを示している．図11.6からは，日本海側，瀬戸内側，太平洋側での海塩影響の違いがわかる．6月には，日本海側6％，瀬戸内3％，太平洋側14％の海塩影響があった．一方，冬季の2月には，日本海側18％，瀬戸内3％，太平洋側10％の影響があり，北からの影響が大きいことがわかった．

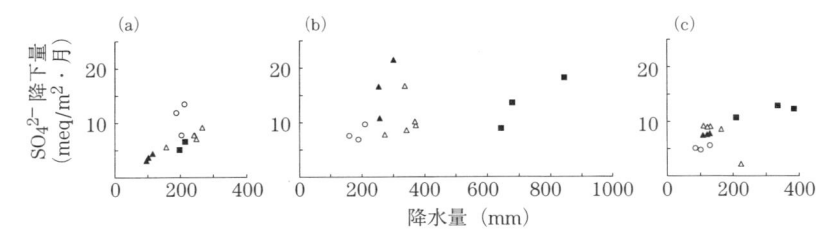

図 11.5 降水量に対する SO_4^{2-} 降下量（大原，公害と対策，1991）
a：1987年6月，b：1988年6月，c：1989年6月
○：日本海側，▲：瀬戸内東部，△：瀬戸内西部，■：太平洋側．

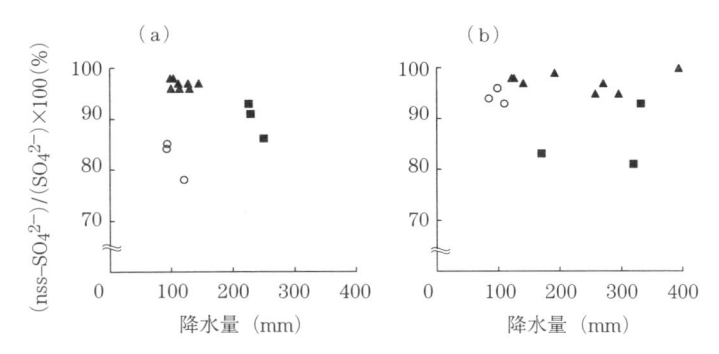

図 11.6 降水量に対する非海塩由来 SO_4^{2-} の割合（大原，公害と対策，1991）
a：1990年2月，b：1990年6月，○：日本海側，▲：瀬戸内，■：太平洋側．

5．まとめ

　中国山地と四国山地は，中国・四国地方の大気汚染物質や海塩粒子の輸送に大きく関与している．瀬戸内は，大気汚染物質を排出する発生源が多いこと，季節風が中国山地，四国山地によって遮られ風が弱められることから，汚染物質濃度が高い．山地沿の地域では，夜間，風速が弱い．河川からの水分補給があるところでは，昼間，海陸風によって運ばれた汚染物質（瀬戸内地域に存在する固定発生源や幹線道路から発せられた汚染物質）

が核となり，放射冷却により霧が発達する．この霧は放射霧であり，粒径が小さく，大気中の汚染物質を多く取り込み，降水に比較し汚染濃度が数10倍高くなっている．海塩を含む季節風は，山地に勢いを弱められ，冬期は日本海側に，梅雨期は太平洋側に多くの海塩粒子を落とす．山地で弱まった季節風が瀬戸内に入ると，海塩粒子は数分の一になる．

(大原真由美)

引用文献

大原真由美，1991：瀬戸内地域における酸性雨の実態と推移，公害と対策，**3**, 35 – 40.

参考文献

溝口次夫編，1994：酸性雨の科学と対策，日本環境測定分析協会，171 – 190.
宮田賢二編，1982：「広島県の海陸風」，渓水社，395pp.
宮田賢二，1994：「三次盆地の霧」，渓水社，255pp.
広島県，1996：「広島県酸性雨調査5か年計画事業報告書」.

12章 桜島起源の酸性ガス

1. はじめに

　九州には阿蘇・雲仙・桜島など西日本火山帯に属する活火山があり，とくに桜島は1955年以来，活発な火山噴火と継続的な噴煙活動を続けている．桜島南岳の爆発は年に約100〜400回あるが，爆発をしていないときでも多量の噴煙を連続的に放出していることが多い．桜島の噴煙は比較的安定した上層大気中を鉛直方向には拡散せずに水平に移流し，ときには100〜200 kmに達しているのが各種衛星画像から捉えられている（木下，1998）．噴煙に含まれる大量の火山灰は，鹿児島市など周辺に多大な影響を与えているが，桜島からは噴煙と同時に大量の火山ガスを放出しており，とくに二酸化硫黄（SO_2）の放出量は九州域内で人為的に排出される量よりも数倍多いので，周辺大気環境に与える影響はきわめて大きい．ここでは桜島噴煙の特徴と火山ガスの移流拡散について述べる．

2. 桜島の爆発噴煙

　桜島の継続的活動はブルカノ式といわれる山頂噴火であり，日頃の爆発の噴煙は1,040 mの南岳山頂から1,000〜2,000 mくらい立ち昇り，年に数回は3,000 mを越える強い爆発がある．爆発でなくても噴煙が連続的に放出されて500〜1,000 m上昇することが普通に見られる．急な爆発によって放出される爆発噴煙は大量の火山灰を含み黒っぽいが，連続的に放出される噴煙は火山灰を含む場合と，あまり含まずに火口から放出された水蒸気の凝結による白い湯気の雲のように見える場合とがある．連続的な噴煙については二つに大別される．一つは，同じ勢いで噴煙放出が続いているために煙の形がほとんど変わらずに見える定常噴煙，もう一つは，次々に小さな爆発があって少し高くまで上がった噴煙のコブが並んで流されていく断続的噴煙である．口絵2に桜島の爆発噴煙の写真を示す．このとき噴煙

のトップは 5,500 m にも達し，火山雷の閃光も 2 回観測された．火山灰は，噴出した溶岩の熱い泡が弾けたしぶきが空中で冷えたもので，火山灰の堆積量は年平均 500 万 t，年によって 1,000 万 t を越えることがあると推定されている．

3．噴煙の移流拡散と衛星画像

上昇後の噴煙は灰を落としながら風に流され，桜島からある程度離れてからは周辺大気とバランスした高さでほぼ水平に移流される．風が乱れていないときは，定常的に放出される噴煙が，火口の上空から細く遠くにたなびく図 12.1 のような光景が見られる．上層の自由大気中では鉛直拡散は抑えられており，噴煙放出・上昇から水平移流に移行する段階での鉛直幅が噴煙拡散の重要な因子である．

図 12.1　定常噴煙の写真（1991.11.9／7：18）
(Kinoshita and Togoshi, J. of Visualization, 2000)

地上観測は噴煙の鉛直構造を捉えるのに適しているが，下流への移流・拡散は 30 km 程度の視野に限られる．一方，衛星画像データからは噴煙の様相をはるか下流まで読みとることができる．

図 12.2 に衛星画像（LANDSAT）による桜島噴煙が移流している様子を示す．LANDSAT や JERS など，水平分解能が数 10 m の地球観測衛星では，東西の観測走査幅が 185 km 以下のため，大規模な噴煙の下流側が観測範囲を越える場合もあるが，薄い小規模な噴煙でも検出できる．一方，LANDSAT と同様に赤道とほぼ直交した極軌道気象衛星の NOAA シリーズ

12章　桜島起源の酸性ガス（ 169 ）

は最高分解能 1.1 km で日本全体を毎日 4 回以上観測しており，図 12.3 のような数 100 km スケールの桜島噴煙が見られることもある．その解析には，熱赤外 11，12 μm の波長帯の放射率の違いで雲と噴煙を識別する方法が有効である．

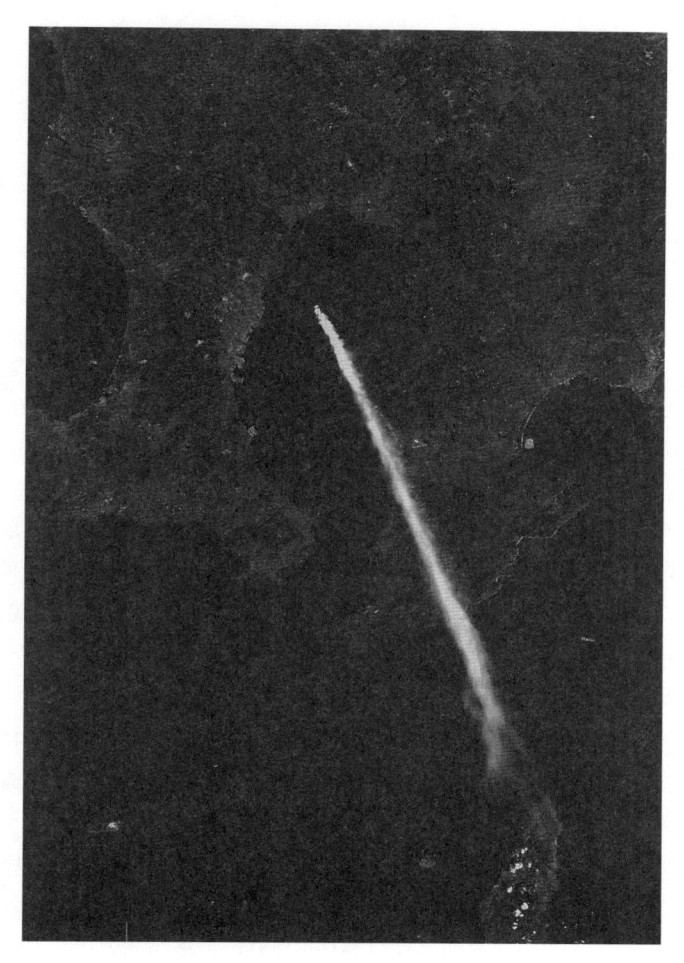

図 12.2　LANDSAT 衛星画像がとらえた桜島噴煙（図中の中央から右下にかけての筋）の移流（1990.3.13／10：08）

図12.3 気象衛星NOAAが捉えた爆発2時間後の桜島噴煙（1996.12.14／7：16）

4．火山ガス長距離輸送とSO₂高濃度事象

　SO_2の影響は，桜島内外での定点観測で環境基準（1時間値の1日平均値が0.04 ppm以下であり，かつ，1時間値が0.1 ppm以下）を越える高濃度事象として検出されており（柳川ら，1987），桜島南東30 kmの志布志地域でも40 ppbを越える事象が環境アセスメントの際などに検出されている（水野，1980）．噴煙のビデオ映像を見ると，強風のもとで噴煙が山腹にそって吹き降ろされてからバウンスするように上昇し，やがて水平に流れる高さに落ち着く山岳波が見られる（図12.4）．このような場合，桜島山麓で噴煙の下流側にあたる環境大気測定の定点では，SO_2が1,000 ppbを超える高濃度事象が度々出現する．これは，高温で放出された火山ガスが噴煙と挙動を共にし，1 kmの高度差を吹き降ろされて測定点を直撃するためと理解される（木下ら，1994）．大隅半島の標高1,000 m前後の高隈山系を越えた志布志地域でも，強風による噴煙と火山ガスの吹き降ろしが高濃度事象の重要な機構であると推測される．

図 12.4　山岳波に沿った噴煙の流れ（1992.10.9/5：54）
（Kinoshita and Togoshi, J. of Visualization, 2000）

　強風でないときは，噴煙とともに火山ガスが 1,000〜2,000 m の噴煙高度を保つと考えられ，降灰のひどい桜島の中でも SO_2 濃度の上昇はあまり見られない．火山ガスやそれが輸送途中で変化した酸性物質の長距離輸送の検出には，平地よりも 1,000 m 級の山上観測が適している．大陸からの酸性物質の検出を意図した雲仙野岳（1,142 m）での環境大気観測では，SO_2 高濃度事象がしばしば観測され，135 km 離れた桜島火山ガスが南よりの風で移流した結果と推定されている（山下ら，1991；森ら，1999）．阿蘇の中央火口丘上の草千里にある阿蘇火山博物館では，3 km 東の阿蘇中岳火口から直接的に大きな影響を受けるが，条件によっては 150 km 離れた桜島からの火山ガスの影響をうけることもある．図 12.5 に阿蘇火山博物館（1,150 m）で観測された SO_2 の時間変化を示す．直江ら（1993）によると図 12.5 の高濃度事象は桜島火山ガスによるものと推定されている．さらに，1,000 km 離れた八方尾根でも，南九州からの火山起源と推定される酸性物質が検出されている（薩摩林ら，1999）．

　SO_2 は移流の過程で一部酸化されて SO_4^{2-} エアロゾルとなって，噴煙下流での重要な構成要素をなすと考えられる．実際，北九州においても桜島噴煙が酸性雨の要因になることが明らかにされている．また，移動性高気圧の下降流や，日中の対流混合によって，煙流高度にあった火山ガスが平地にまで降りて影響することがしばしば見られる．これは，長崎県下を含め九州各地における平野部の多くの環境大気測定局で SO_2 濃度が 20 ppb を越える場合の気象条件の検討から理解できる（山下ら，1991；石川ら，1994）．

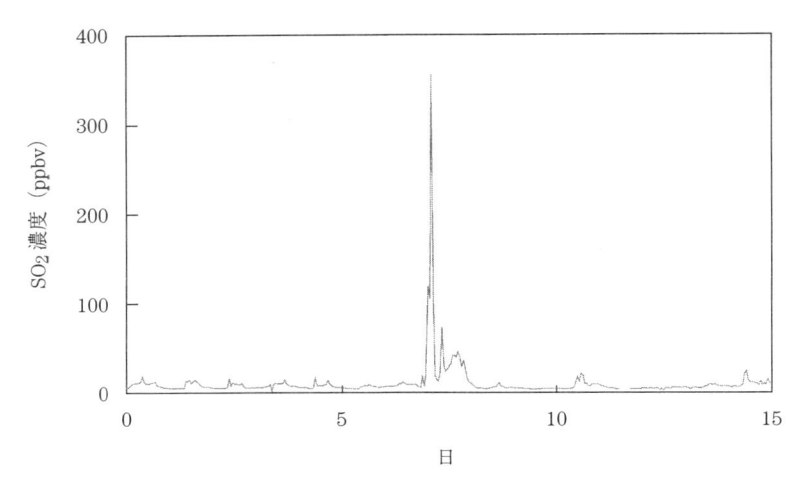

図12.5 阿蘇火山博物館（1,150m）で観測されたSO_2の時間変化
1990年1月1日〜15日.

5．SO_2と火山ガス

　九州地方では，桜島や阿蘇などの火山活動が活発で自然起源硫黄酸化物などの火山ガスが混在して環境大気へ影響を及ぼしている．図12.6に桜島での火山ガス放出量を示す．高温の噴気孔から放出される火山ガスの組成は，水蒸気，二酸化炭素，フッ化水素，塩化水素，二酸化硫黄，硫化水素，チッ素，水素などである．桜島では年間600万tの火山ガスが放出され（平林，1982），そのうち10％はSO_2で年間60万t（30〜70万t）と推定されている（藤田ら，1992）．

　一方，硫黄を含む大気汚染物質は大気中での滞留時間が長く，発生源から離れた地域にまで影響を及ぼす．例えば欧米では国境を越えた長距離輸送が国際的な問題となっており，日本でも大陸の人為起源大気汚染物質の影響が考えられる．図12.7に世界の各地域におけるSO_2排出量を示す．化石燃料消費などによる人為起源排出量は世界で年間1.6億tにものぼり，そのうち2,100万tがアメリカ，2,000万tが中国，1,100万tがOECDヨーロッパであり，日本は0.5％の年間80万tである（1980年代後半）．日本は

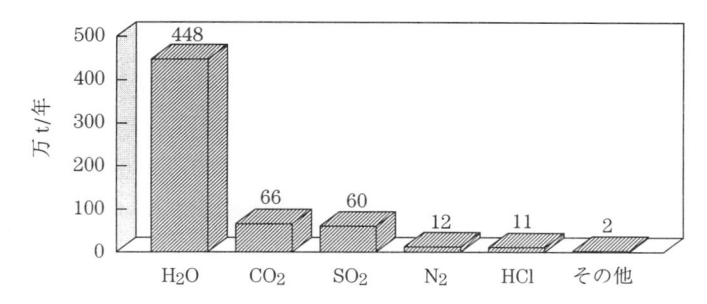

図12.6 桜島南岳から放出される火山ガスの量（平林, 1982のデータから作図）
年間放出量は600（400〜700）万 t.

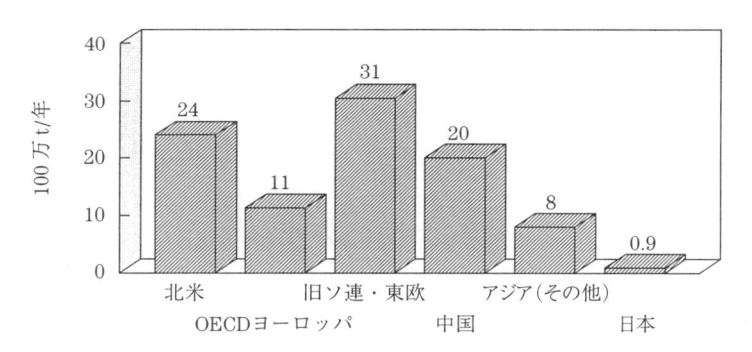

図12.7 人為起源による SO_2 排出量（1980年代後半）
年間総排出量は1.6億 t（推定）．

脱硫装置の普及により，先進国各国と比べて一人あたりの放出量は低く，数分の一になっている．ところで桜島の年間60万 t は，日本の人為起源総排出量と比べてもかなり大きな量であるといえる．

最後に，大気中における硫黄放出量を推定してみると，火山噴火からは650万 t (S)/年，海洋起源の硫化ジメチル (DMS) からは1,600万 t (S)/年，と推定され，自然起源（生物活動＋火山活動）全体で3,200万 t (S)/年になる．人為起源は7,900万 t (S)/年であるから，人為起源の方が自然起源よりも倍以上多いと報告されている（工技院資環研, 1996）．

6. おわりに

　桜島火山からの酸性ガス（SO_2）の放出量は，日本の人為的排出量に匹敵するほど大きく，九州地方のローカルな範囲で考えると酸性雨の原因物質として無視できない影響を与える．しかしアジア域からは日本の20数倍もの人為的排出量があるので，日本全体でみれば桜島の影響は大きいとは言えない．

　桜島噴煙のさまざまな形態や，山麓における SO_2 濃度のグラフは，火山と噴煙の写真とビデオ映像のページ，

http：//www−sci.edu.kagoshima−u.ac.jp/volc/

で見ることができる．

　また，九州の火山や噴煙の衛星画像は，衛星画像ネットワーク鹿児島グループのホームページ

http：//www−sci.edu.kagoshima−u.ac.jp/sing/

にまとめて公開されている．

　なお，2000年になると3月末に有珠山が噴火し，7月から三宅島雄山，9月には北海道駒ケ岳が噴火している．とくに，三宅島雄山では噴煙柱が数千mに達する爆発的噴火が起こり，また爆発的でなくても大量の火山ガスが放出され，SO_2 放出量は日量3,000 t から1万 t 以上と推定されている．強風の時，火山ガスは814 m の雄山山頂から吹き下ろされ，風下の港や周辺海上で数 ppm の SO_2 濃度が検出される可能性がある．風向きによっては，関東上空に飛来し日中の対流混合によって地上に下ろされ，環境大気測定網 SO_2 高濃度事象として検出され，時には愛知・長野などの本州中部や北陸地方まで達することもある．各測定局における SO_2 濃度の異常な上昇や硫黄臭・腐乱臭から，火山ガスの移流・拡散が推測され，それを裏付ける各種の解析が進められている．

　　　　　　　　　　　　　　　　　　　　　　　（木下紀正・直江寛明）

引用文献

石川誠一, 大倉光志, 富田雄一郎, 斉藤信弘, 藤田芳和, 1994:宮崎県南部地域における SO_2 高濃度事象の解析, 宮崎大学工学部研究報告, **40**, 1 – 9.

木下紀正, 1998:火山ガスと噴煙の大気拡散解析, 平成8～9年度科学研究費補助金研究成果報告書, 鹿児島大学, 166pp.

木下紀正, 今村和樹, 金柿主税, 1994:桜島山麓における二酸化硫黄高濃度時の風系, 第13回風工学シンポジウム論文集, 79 – 84.

Kinoshita, K. and H. Togoshi, 2000: Rise and flow of volcanic clouds observed from the ground and from satellites, J. of Visualization, **3**, 71 – 78.

工業技術院資源環境技術総合研究所, 1996:硫黄のバジェット及び技術開発に関する調査研究報告書.

薩摩林光, 佐々木一敏, 鹿角孝男, 鹿野正明, 太田宗康, 西沢 宏, 村野健太郎, 向井人史, 畠山史郎, 植田洋匡, 1999:秋季および初春の中部山岳地域における大気中酸性, 酸化性物質の挙動, 大気環境学会誌, **34**, 219 – 236.

直江寛明, 木下紀正, 池辺伸一郎, 1993:九州における火山ガス長距離輸送の解析, 天気, **40**, 671 – 679.

平林順一, 1982:桜島火山の地球化学, 火山, **27**, 293 – 309.

藤田慎一, 外岡 豊, 太田一也, 1992:わが国おける火山起源の二酸化硫黄の放出量の推計, 大気汚染学会誌, **27**, 336 – 343.

水野建樹, 1980:桜島から放出された二酸化硫黄が環境濃度へ及ぼす影響について, 天気, **27**, 479 – 488.

森 淳子, 鵜野伊津志, 若松伸司, 村野健太郎, 1999:雲仙野岳で観測された SO_2 とエアロゾル組成, 大気環境学会誌, **34**, 176 – 191.

柳川民夫, 南園博幸, 宝来俊一, 中尾兼治, 長井一文, 大津睦雄, 小磯 誠, 内山 裕, 1987:桜島火山周辺地域における二酸化硫黄高濃度出現状況とその特徴, 鹿児島県環境センター所報, **3**, 27 – 39.

山下敬則, 森 淳子, 本多雅幸, 鵜野伊津志, 若松伸司, 1991:長崎県における高濃度 SO_2 汚染の解析, 大気汚染学会誌, **26**, 320 – 332.

大気化学の基礎知識

†化学成分濃度の表し方†

　物質濃度を表現するには、いくつかの単位があり、本書でも併用している。いずれも単位溶媒あたりの溶質の量であらわす。水溶液では重量濃度（g/kg）やモル濃度（mol/kg），当量濃度（eq/kg）などの単位があり，用途に応じて用いられる。

重量濃度：例えば，水 1 kg あたりにナトリウムイオンが 1 g 含まれていればナトリウムイオンについて 1 g/kg と表現する。室温では，水の密度が 1 g/cm^3 にきわめて近いので，1 g/kg は 1 g/l（リットル）とほぼ同じである。水溶液については，重量濃度を ppm や ppb であらわすこともある。ppm は parts per million の略で，重量比にして 100 万分の 1（10^{-6}）を意味する。同様に ppb は，parts per billion の略で，10 億分の 1（10^{-9}）である。

モル濃度：水溶液のモル濃度とは，水 1 kg あたりに含まれる溶質のモル数で，化学反応を議論するときに便利な単位である。モルとは，着目する構成粒子（原子や分子，イオン）が，ある単位個数（アボガドロ数）集まったときの一塊りを指す。例えば，水の分子量は 18 なので，水 18 g で 1 モルになり，二酸化炭素なら分子量が 44 なので 44 g で 1 モルである。このように，水溶液の場合には，水 1 kg あたりに含まれる着目するイオンの重さを分子量で割った値がモル濃度である。

当量濃度：当量濃度（Equivalent，略して eq とも書く）は，最近の高校化学では習わなくなったが，水素イオンや溶液の電気的性質に着目した濃度なので，酸性雨のように溶液中の「酸」を考察するのに便利な単位である。古い高校の化学では「中和滴定」や「電池」のところでこの概念がでてきたものだ。

　例えば，1 モルの硫酸（H_2SO_4）は，希釈水溶液中で
$$H_2SO_4 \rightarrow 2H^+ + SO_4^{2-}$$

のように2モルの水素イオン（H^+）と1モルの硫酸イオン（SO_4^{2-}）とに分かれる．この時，水素イオン（価数が1の陽イオン）を2モル放出するので，1モルの硫酸イオン（価数が2の陰イオン）は水素イオン2モル分の価数のバランスを受け持つことになる．そこで着目するイオンのモル数に価数を掛けた濃度（当量濃度）であらわすと，水素イオン濃度や価数のバランスを見る上で都合がよい．硫酸イオンの場合には，硫酸1モルが2当量に相当し，水素イオンの2当量と対応する．同様に，カルシウムイオンなら価数が2の陽イオンなので，1モルが2当量に相当し，硝酸イオンなら価数が1の陰イオンなので1モルは1当量のままである．

　また，大気では大気1立方メートルあたりの化学物質重量やモル数，当量濃度，放射能などが用いられたり，あるいは体積比で表したりする．例えばオゾン（O_3）濃度の場合には，標準状態（0℃・1気圧あるいは20℃・1気圧）での体積比を用いることが多い．水溶液でのppmやppbと似ているが，体積比を表すにはppmvやppbvとしている．おまけに付いているvはvolumeの略である．気体の話だけを取り扱っている場合には，単にppbとしていることも多い．1 ppbvを言い換えれば，1リットルの容積中にある1立方ミリメートルの気体の濃度を指し，分子の個数で言えば1億個の分子集団に1個の異分子が混入している状態である．

† 接頭語 †

　ある単位の10^n倍または10^n分の1（10^{-n}倍）を意味する接頭語を表にまとめた．例えば，100 Pa（パスカル，圧力の単位）は1 hPaで，10^6 gは1 Mg（メガ・グラム）のように用いる．

名称	記号	倍率
テラ	T	10^{12}
ギガ	G	10^9
メガ	M	10^6
キロ	k	10^3

ヘクト	h	10^2
ミリ	m	10^{-3}
マイクロ	μ	10^{-6}
ナノ	n	10^{-9}
ピコ	p	10^{-12}

† pH（ピーエイチ，水素イオン指数あるいは水素イオン濃度指数）†

水溶液の酸性・塩基性の強弱は水素イオン濃度の大きさであらわすことができる．しかし，対象とする水素イオン濃度の範囲が極端に広いため，水素イオン濃度の逆数の常用対数（水素イオン指数）であらわす．

$$\mathrm{pH} = -\log_{10}[\mathrm{H}^+] = \log(1/[\mathrm{H}^+]) \ \text{または}\ [\mathrm{H}^+] = 10^{-\mathrm{pH}}$$

このことは，pHが1違うと水素イオン濃度が10倍違うことを意味しており，pH6が水素イオン濃度で1 mol/kg，pH5で10 mol/kgに，pH4で100 mol/kgになるので注意が必要だ．ちなみに，日本各地の降水のpHの月平均値はおおよそ4から7の間に入り，年平均値はpH 4.7前後である．

なお，pHの厳密な定義については，理化学辞典などを参照されたい．

† 電気伝導度（Electrical Conductivity）†

電気伝導度とは，水溶液がもつ電気抵抗の逆数を指し（S/m），その大小は水溶液のイオンの総量におおよそ依存する．種々のイオンの中でも水素イオンが電気を一番通しやすい．その他の硝酸イオンやナトリウムイオンなどは，水素イオンに比べると1/5から1/7程度しか電気を流さない．ECとだけ書くと，元素状炭素（Elemental Carbon）と間違うことがある．

† 降水中やエアロゾル中のイオン成分とその起源 †

図 A.1 に，日本の降水に含まれるイオン成分濃度（当量濃度）の平均値を示す（原，1997）．降水中や大気エアロゾル粒子中のイオン成分の起源には

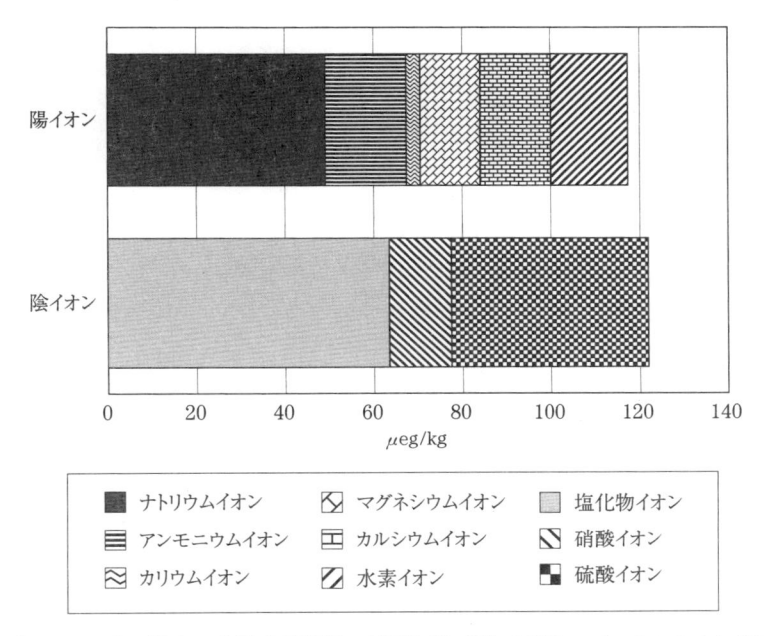

図 A.1　日本の降水の化学成分濃度の年平均値（原，1997 のデータをもとに作図）

大きく分けて 3 つの起源がある．

ひとつには海水が挙げられる．降水中の Na^+（ナトリウムイオン）や Cl^-（塩化物イオン）は，主として海水飛沫が大気中で降水に取り込まれるために観測される．海水中には NaCl（食塩）のほか，Mg^{2+}（マグネシウムイオン）や Ca^{2+}（カルシウムイオン），SO_4^{2-}（硫酸イオン）などが溶け込んでおり，降水中で見られるこれらの成分にも海水に由来する部分がある．降水中の Na^+ 濃度が全て海水起源であり，海水飛沫中の成分比（例えば海水中の SO_4^{2-} 濃度は重量比で Na^+ 濃度の 0.25 倍）が海水中と同じだと仮定して，降水中の SO_4^{2-} 濃度のうち海塩性の部分を差し引くと「非海塩 SO_4^{2-} 濃度」が求まる．これはしばしば nss-SO_4^{2-} 濃度（non-sea-salt の略）としてあらわされている．

他の起源として，人為的な汚染源がある．硝酸イオン（NO_3^-）や

nss-SO_4^{2-}イオン，アンモニウムイオン（NH_4^+）などは，石炭や石油の燃焼，自動車排ガス，工業活動，ゴミ焼きなどによって放出された窒素酸化物（NO_X）や二酸化硫黄（亜硫酸ガス，SO_2），あるいは家畜の屎尿から揮発するアンモニア（NH_3）がもとになっている部分が多い．とくに工業地帯では人為的な放出源が主要な起源となっている．

また，土埃のように，岩石の風化によって破砕された微小な地殻起源物質もある．とくに春先の黄砂の時期には大気中に大量の土埃が存在している．ほとんどは水に溶けないケイ酸塩鉱物であるが，砂漠起源の土埃にはCa^{2+}を多く含む場合がある．炭酸塩として$CaCO_3$（炭酸カルシウム）が輸送されてくる場合には酸性雨を中和する働きもある．nss-SO_4^{2-}濃度と同様に，nss-Ca^{2+}濃度も算出することがある．

図A.1に示したように，当量濃度で書くと，図示した成分だけで考えても降水中のイオン成分は陽イオンの総量と陰イオンの総量とがほぼ当量づつ入っていることがわかる．

引用文献

原　宏，1997：日本の降水の化学，日化誌，**11**，733 – 748．

索　引

英数字

Be-7 ···························· 148,150
LANDSAT ···················· 168,169
O_3（オゾン）······ 24,39,92,94,98,102,
　　　　　　　103,129,149,153,156,177
OH ラジカル ························ 149
pH ················ 68,89,92,143,162,178
SO_2 排出量 ························ 172
γ 線分光法 ·························· 152

ア行

赤城山 ··············· 62,90,91,93,95,98,100
旭岳 ································· 14
阿蘇火山博物館 ···················· 171,172
アラスカ ···························· 16
アルプス ··························· 119
アルベド ····· 26,27,28,29,30,32,33,34,35
安定境界層 ······················ 48,49,50
イオンクロマトグラフィー ······· 89,141
イオン種 ···························· 89
移行層 ··························· 47,48
一次汚染物質 ························ 96
一酸化炭素 ······················ 105,135
移動発生源 ························· 160
ウェット・フェーン ·················· 40
ウォッシュアウト ··············· 84,108
渦位 ·························· 134,135
宇宙線 ························· 150,151
宇宙線生成核種 ····················· 150
雲仙野岳 ··························· 171
雲底下浄化 ·························· 84
雲内浄化 ···························· 84
雲粒 ·························· 15,40,81

カ行

衛星画像 ··························· 168
エクマン層 ·························· 46
エントレインメント ·················· 48
奥日光環境観測所 ················· 95,96
オゾン層 ························· 38,39
オゾンホール ························ 130
おろし風 ···························· 45
温位 ································ 47
温暖前線 ···························· 56
温度風 ······························ 58

海塩粒子 ··························· 145
海風 ······················· 90,95,160
海洋起源 ··························· 173
海洋性気団 ····················· 133,153
海洋性空気塊 ······················ 145
海陸風 ························ 160,165
拡散係数 ···························· 49
下降気流 ························· 44,52
笠雲 ·························· 43,44,45
過酸化水素 ···················· 88,94,98
過酸化物 ···················· 98,99,100
火山ガス ······················ 170,172
火山灰 ····························· 168
火山噴火 ··························· 167
可視域 ··············· 26,27,28,31,33,34
鹿島灘海風 ·························· 90
滑昇霧 ··························· 88,91
過冷却 ······················· 14,81,84
川霧 ································ 88
乾性沈着 ··························· 141
寒冷渦 ······························ 56

索引			
寒冷前線	44,56,143	降下煤塵	86
ガードナー・カウンター	60,61,82	高気圧	50,51,52,56,57
外部境界層	46	高気圧性回転（循環）	52,53,54
気圧	51	航空機	4,5,6,7,14,95
気圧傾度力	47	黄砂	33,102,118,123
気圧の尾根	55	黄砂粒子	2,3,119
気圧の谷	55	高所適応	76
気温減率	40	降水量	20,21,140
気球	4,7	高層天気図	54,55
気象衛星 NOAA	170	高速液体クロマトグラフィー	100
気象官署	18,20	国設酸性雨測定所	102
季節風	44	国立環境研究所	75,95
北アルプス	78	固定発生源	160
気団	130	コリオリ力	46,52
境界層	3	混合層	47,48

サ行

極地	119	サーマル	47,136
霧採取機	75	相模湾海風	90
霧センサー	75	桜島	109,167,170,171,172,173
霧水	89,162	桜島噴煙	169,170
霧水自動分析装置	75,162	佐藤順一	19,23,24
霧粒	88,89	サハラ・ダスト	119
霧粒（自動）撮影装置	75,162	砂漠	2,7
近赤外域	26,27,28,29,31,33,34	山塊	9
凝結核	62,82,88	酸化ストレス	98
クチクラ	89	山岳積雪	112
グリーンランド	119	山岳波	43,170
傾圧大気	57	酸性エアロゾル	102
ケミカルマスバランス（CMB）法	106	酸性物質	68,88,171
圏界面	37,151	酸性ミスト	89
圏界面の折れ込み	133,134	酸性霧	79,88
元素状炭素	106	酸性粒子	107
広域大気汚染	164	山脈	9
光化学オキシダント	103	散乱比	2,3
光化学生成	105,132,133,155	残余層	49,50
光化学反応	88,94,98,109,132,150		

シェーファー博士·················60	雪温·······················70,113
紫外域·················26,27,28	雪渓··························16
紫外線·················39,150	雪氷学························16
四国山地····················160	瀬戸内······················164
自然起源硫黄酸化物··········172	絶対零度······················38
収束··························51	全球客観解析データ··········134
焼結現象······················30	全沈着量····················141
植物被害······················89	全天日射量····················30
森林枯損······················98	層位観察······················70
森林の衰退····················94	層構造······················116
ジェット気流············53,134	遭難者救助················66,74

タ行

地吹雪························72	大気汚染物質·········88,94,160
自由大気··········45,46,47,48,49	大気化学観測··········23,24,138
自由対流圏·········2,3,4,5,7,45,47,122,	大気境界層·····45,46,49,129,135,148
············126,127,129,130,133,134,	大気塵象················114,115
············135,136,138,140,148,149	大気の鉛直構造················38
自由対流圏エアロゾル·········123	堆積時期····················114
上昇気流···················44,51	台風························144
上層大気······················18	大陸性気団··················154
除去作用······················84	大陸性空気塊················145
人工雪··············10,11,12,16	対流境界層··············47,48,50
水文学························15	対流圏·······2,6,37,104,105,129,140,151
すす···················32,35,36	対流圏オゾン·········104,130,133
ストレス······················93	滞留時間··············85,88,172
成層圏······2,6,38,39,105,130,150,151	高谷山··················160,161
成層圏オゾン··············130,150	立ち枯れ······················93
成層圏界面····················38	立山・室堂平······33,69,71,112,122
積雪···················34,71,112	立山黒部アルペンルート······122
積雪アルベド··················30	立山積雪研究会··············120
積雪層構造··················113	谷風··············41,42,125,131
積雪の圧密モデル············114	谷川岳························77
接地境界層··············46,47,48	谷霧··························88
接地逆転層····················48	太郎坊····················21,76
接地層························46	大雪山（旭岳）······14,16,62,85
接地不安定層··················47	

断熱膨張	88
断熱過程	47
地衡風	58
地上天気図	55
着氷	14
中国・四国地方	159,164
中国山地	75,160
長距離輸送	68,102,108,119,122,130, 138,140,148,149,171,172
沈着量	140
つるし雲	43,44
テースランド・デ・ボール	38
低温科学研究所	10,14,16,85
低気圧	50,51,56,57
低気圧性回転（循環）	52,53,54
低層ジェット	49
手稲山	14,15,81,84
寺田寅彦	11
テルペン	94,98,99
転向力	47
天然炭化水素	94,98
電気伝導度	89,178
電線着雪	14
等圧線	54
東京大学宇宙線研究所	79
等高線	55
十勝岳	14,15
都市霧	88
トレーサー	151
土壌粒子	145
ドライ・フェーン	41
ドライフォールアウト	86

ナ行

中谷宇吉郎	10,14
中谷ダイヤグラム	13,81
南極	8,34
南極点	33,119
二酸化硫黄	85,88,109,123,148,167
ニセコ・アンヌプリ	14,15
日光白根山	65,94,95
新田次郎	18,22
日内変動	124,126
日本海低気圧	44
熱気泡	47
熱対流	47,136
熱フラックス	47
熱噴流	47
熱流束	50
野中到，千代子夫妻	18,19,24
乗鞍岳	78

ハ行

波長別アルベド	32,34
波長別透過率	34
八甲田山	137
発散	51
発生源寄与	106
八方尾根	67,68,102,110,171
反射日射量	30
バックグラウンド大気	140
パーティクルカウンタ	141
非海塩硫酸イオン	118,148,155,179
ひまわり	22
非メタン炭化水素	105
氷河	15
氷晶核	24
標準気圧	51
氷板	117
微物理過程	84
不安定境界層	47
フェーン現象	8,40,43

(185)

富士山…………7,18,76,126,127133,140
富士山測候所……………20,72,76,130
富士山頂………… 18,20,23,72,132,
　　　　　　　　　133,135,140,148
富士山レーダー……………… 22,24,74
藤村郁雄……………………… 20,24,25
藤村式雨量計………………………… 20
噴煙………………………………… 167
プラットフォーム………………4,5,6,7
プリューム……………………47,50,136
偏光解消度……………………………3,4
偏西風……………………………… 53,54
放射性物質………………………… 150
放射伝達モデル………… 28,29,31,34,35
放射能………………………… 150,177
放射霧…………………………88,161,166
放射冷却…………………………… 42,126
盆地霧………………………………… 88
ポラック・カウンター……………… 61

マ行

マウナロア……………… 126,127,131
ミストチャンバー…………………… 99
密度…………………………………… 70
密度成層……………………………… 57
密度測定…………………………… 113
三次（盆地）………………75,160,161
霧氷………………………………… 24

ヤ・ラ行

メンデンホール……………………… 18
夜間境界層ジェット………………… 49
山風………………………41,42,126,131
山霧………………………………… 88
山谷風……………………… 41,42,131
有機過酸化物………………………… 94
有機炭素…………………………… 106
融雪………………………………… 116
雪結晶………………………10,11,13,14
雪の色………………………………… 36
雪虫………………………………… 113
ユングフラウヨッホ………126,127,136
ヨーロッパ・アルプス‥18,112,119,120
汚れ層……………………………… 114
ライダー……………………………… 2,4
陸風………………………………… 95
リモートセンシング…………… 34,130
粒径………………………………… 141
粒径分布……………………………85,162
硫酸ミスト………………………… 110
流跡線解析………………………… 109
レイクエフェクト・スノー………… 60
レインアウト………………… 84,107,108
レンズ雲……………………………43,44
ろ過式採取器…………………… 68,107

*********** 編者略歴 ***********

土器屋由紀子（どきや　ゆきこ）

1939年東京都生まれ．

東京大学大学院修了，農学博士，（現在の専門：大気化学・分析化学）

東京農工大学農学部広域都市圏フイールドサイエンス教育研究センター・教授

著書（含む分担執筆）に，「気象と環境の科学」養賢堂，「身近な地球環境問題」コロナ社など

岩坂泰信（いわさか　やすのぶ）

1941年富山県生まれ．

東京大学大学院修了，理学博士，（現在の専門：大気物理学・大気エアロゾル）

名古屋大学太陽地球環境研究所・教授

著書（含む分担執筆）に，「南極の気象」古今書院，「オゾン層を守る」NHKブックス，「オゾンホール－南極から見た地球の大気環境－」裳華房，「大気水圏の科学　黄砂」古今書院，「大気環境の変化」岩波講座・地球環境学，「地球環境論」岩波講座・地球惑星科学，「北極圏の大気科学」名古屋大学出版会など

長田和雄（おさだ　かずお）

1963年静岡県生まれ．

名古屋大学大学院単位取得満期退学，理学博士，（現在の専門：大気化学・大気エアロゾル）

名古屋大学太陽地球環境研究所・助手

著書（含む分担執筆）に，「北極圏の大気科学」名古屋大学出版会

直江寛明（なおえ　ひろあき）

1968年茨城県生まれ．

気象大学校卒業，（現在の専門：気象力学・大気エアロゾル）

気象研究所環境応用気象研究部・研究官

2001	2001年3月30日 第1版発行
-山の大気環境科学-	

著作代表者	土器屋　由紀子
	岩坂　泰信
発　行　者	株式会社　養賢堂
	代表者　及川　清
印　刷　者	株式会社　三秀舎
	責任者　山岸　真純

著者との申し合せにより検印省略

Ⓒ著作権所有

本体 3200 円

発行所　〒113-0033 東京都文京区本郷5丁目30番15号
株式会社 養賢堂　TEL 東京(03)3814-0911 [振替00120
　　　　　　　　　FAX 東京(03)3812-2615　7-25700]

ISBN4-8425-0072-7 C1044

PRINTED IN JAPAN　　製本所　板倉製本印刷株式会社